工程物资管理
系/列/丛/书

中铁四局集团物资工贸有限公司　组编

电子商务与现代物流

E-Commerce and Modern Logistics

郁道华　林菊玲　杜宗晟 ◎ 主编

图书在版编目(CIP)数据

电子商务与现代物流/郁道华,林菊玲,杜宗晟主编.—合肥:安徽大学出版社,2019.11

(工程物资管理系列丛书)

ISBN 978-7-5664-1877-7

Ⅰ.①电… Ⅱ.①郁… ②林… ③杜… Ⅲ.①电子商务－物流管理－高等学校－教材 Ⅳ.①F713.365.1②F252

中国版本图书馆 CIP 数据核字(2019)第 115838 号

电子商务与现代物流

郁道华 林菊玲 杜宗晟 **主编**

出版发行：北京师范大学出版集团
安 徽 大 学 出 版 社
(安徽省合肥市肥西路 3 号 邮编 230039)
www.bnupg.com.cn
www.ahupress.com.cn

| 印 刷：合肥远东印务有限责任公司
| 经 销：全国新华书店
| 开 本：184mm×260mm
| 印 张：13.25
| 字 数：253 千字
| 版 次：2019 年 11 月第 1 版
| 印 次：2019 年 11 月第 1 次印刷
| 定 价：38.00 元

ISBN 978-7-5664-1877-7

策划编辑：陈 来　刘中飞　　　　装帧设计：李伯骥
责任编辑：刘 贝　武溪溪　　　　美术编辑：李 军
责任印制：赵明炎

版权所有　侵权必究

反盗版、侵权举报电话：0551-65106311
外埠邮购电话：0551-65107716
本书如有印装质量问题,请与印制管理部联系调换。
印制管理部电话：0551-65106311

工程物资管理系列丛书

编委会

主　　任　　刘　勃　　汪海旺

执行主任　　余守存　　王　琨　　晏荣龙　　杨高传

副 主 任　　吴建新　　张世军　　刘克保　　季文斌
　　　　　　金礼俊

委　　员（以姓氏拼音为序）
　　　　　　蔡长善　　陈春林　　陈根宝　　陈　武
　　　　　　陈　勇　　杜宗晟　　冯松林　　侯培赢
　　　　　　姜维亚　　经宏启　　黎小刚　　李继荣
　　　　　　刘英顺　　牟艳杰　　单学良　　沈　韫
　　　　　　田军刚　　王衡英　　吴　峰　　吴　剑
　　　　　　徐晓林　　杨维灵　　郁道华　　袁　毅
　　　　　　詹家敏　　赵　瑜　　周　黔　　周　勇
　　　　　　朱玉蜂

本书编委会

主　编　郁道华　林菊玲　杜宗晟

副主编　周　爽　赵　瑜

编　者（以姓氏拼音为序）

　　　　杜宗晟　黄其军　林菊玲　刘克保

　　　　辛红艳　郁道华　赵　瑜　周　爽

总 序

  工程物资管理是一个历史悠久、专业性强、实用性突出的重要专业,它和工程类其他专业一起,为高速列车疾驶在祖国大地上、为高楼大厦耸立在城市天际线、为水电天然气走进千家万户作了理论支撑和技术支持。但是,2008 年以来,为了迎接来势凶猛、发展迅速的电商物流产业,原开设工程物资管理的院校纷纷将原有的工程物资管理专业调整为物流管理专业,一字之差,专业方向南辕北辙、专业内容天壤之别,工程物资管理的课程和教学课程已经被边缘化到了近似于无的不堪境地。2008 年以后,分配到建筑施工企业的物流管理专业毕业生基本上专业不对口,全国近百万工程物资从业人员处于专业知识匮乏、技能培训不足、工作缺乏指导的蒙昧状态;与此同时,工程建设领域新理念日新月异、新技术层出不穷、新材料竞相登场;工程物资管理也出现了很多新挑战、新问题和新机遇,专业方向的偏差使得广大物资人很难在自己的事业中掌握实用的专业知识和积淀深厚的理论素养,活跃在天涯海角、大江南北的物资人亟须得到系统性的专业教育和实用性的知识更新。加强工程物资管理的专业培训,不仅是一个企业的刚性需求,更是一个企业对整个建筑行业的历史担当。

  为了助推建筑施工企业持续健康发展,提高工程物资管理人员的综合素质,培养工程物资管理复合型人才,由中铁四局集团物资工贸有限公司牵头,在集团公司领导和相关部门大力支持下,在全局 100 多位资深物资人和其他专业人员精心编纂与苦心锤炼下,在安徽职业技术学院鼎力支持下,经过无数次会议的策划和切磋,无数个日夜的筚路蓝缕,无数个信函的时空穿梭,我们历时两年多的时间,终于将这套鲜活、精湛、全面的"工程物资管理系列丛书"呈现在读者面前。系列丛书共六册,即《建设工程概论》《建设工程物资》《工程物资管理实务》《工程经济管理》《国际贸易与海外项目物资管理》和《电子商务与现代物流》,共计 260 万字;丛书详细诠释了与工程物资管理相关的专业理论知识,并结合当前行业标准、技术规范、质量要求和前沿工程实践,为不同方向、不同层次、不同岗位的物资人员提供既有全面性又有差异性的知识供给,力求满足每位物资人个性化学习和发展的需要;概括地说,丛书内容涵盖了一位复合型物资人才需要掌握的全部知识。

《建设工程概论》主要针对建设施工涉及的专业领域,从专业分类、技术流程、施工组织、项目管理、法律法规等方面进行阐述,以便物资管理人员及时且准确地明晰建筑工程的特点、流程和规律,围绕工程施工的主线,确立自身工作职能和定位,找到具体工作的切入点和着力点。

《建设工程物资》对主要物资的性能、参数、检验与保管等进行全面系统的描述,是工程物资管理中最基础的具有工具书性质的专业书籍,方便物资管理人员随时学习和查阅。

《工程物资管理实务》主要梳理建筑施工企业物资采购管理、供应管理、现场管理等内容,并介绍了现代采购管理新理念以及信息化建设的发展前沿。在网络技术和信息化高度发达的今天,供应链管理成为重点研究方向,本书对上游(产品制造商或服务提供商)、中游(供应商或租赁商)、下游(终端用户)分别进行了详细阐述,并系统阐述相互关联与合作的路径,引导物资管理人员树立全新的采购和供应商管理理念。

《工程经济管理》主要介绍建设工程的投资估价、调概索赔、成本管控、财税管理等内容,使物资管理人员深入了解工程施工中相关费用的构成与管控,明晰物资管理在工程管理中的作用与价值,拓展了理论视野与知识边界,便于广大物资人跳出专业之外看问题与做事情。

《国际贸易与海外项目物资管理》重点介绍了国际贸易的理论、法规、术语、合同等内容,针对海外工程项目物资管理的特殊性,详细阐述了海外物资采购、商检报关、集港运输、出口退税等一系列业务流程,方便物资管理人员学习掌握与灵活应用。

《电子商务与现代物流》主要介绍电子商务和现代物流的发展趋势、主要特征和运作模式,让物资管理人员了解电商背景下的企业物流管理。高校物流管理专业也开设了这门课程,毕业生对电子商务和物流方面的知识相对熟悉,但本书难能可贵之处就是将其思想和理念有效地运用到建筑施工企业的物资管理中,深度聚焦工程实际,对物资人的工作实践大有裨益。

我们怀揣着"春风化雨"的美好夙愿，向广大物资人推广和普及本套系列丛书，让基础理论和相关知识滋养有志于工程物资管理工作的同仁们，并在具体的工作实践中开花结果。然而，由于本套系列丛书专业性强、内容庞杂、理论跨度较大，加上编写时间仓促，难免存在不足之处；因此，当这套系列丛书与大家见面时，希望广大专家和同仁们多提宝贵意见和建议，我们将进一步修订和完善。

己欲立而立人，己欲达而达人。时代的浪潮川流不息、滚滚向前，唯有不断地鞭策和学习才能使我们在这个日新月异的世界里保持从容和淡定。愿这套系列丛书成为我们丰富知识的法宝、增进友谊的桥梁、共同进步的见证。

余守存

2019 年 8 月

前　言

随着改革开放的不断深入,我国的经济体系呈现出全新的面貌。电子商务的兴起带动了现代物流的蓬勃发展,现代物流也为电子商务的良好发展提供了坚实基础,两者密不可分。因此,编者将两者纳入同一本教材进行编写。

本书是中国中铁四局集团有限公司于2018年组织的,由企业管理者和高职院校教师在多次调研的基础上共同编写而成。本书介绍了现代物流和电子商务的基础知识,通过探讨电子商务与物流的关系,引出电子商务运作模式和现代物流基本活动,并对物流成本、企业物流管理进行详尽论述,同时结合物流信息技术,探讨物流信息化的特点、方法和模式;介绍了现代物流如何落实环境保护和可持续发展理念。本书涉及内容较为广泛,可作为企业管理者的知识拓展材料。

本书具有以下特色:

(1)本书由从事电子商务与现代物流教学的一线教师与企业从业人员共同编写,避免了理论和实践严重脱节的问题。

(2)论述深入浅出,文字通俗易懂,配有具体案例,力求提高读者的学习兴趣。

(3)体系完整、内容全面、信息丰富、层次合理。

非常感谢为本书提供大力支持和帮助的有关单位及个人。在编写过程中,我们参考、借鉴和引用了国内大量的研究成果,在此对所涉及文献的作者表示衷心感谢。本书的编写还得到了安徽大学出版社的大力支持,在此一并表示衷心感谢。

由于编者知识和实践的局限性,加之时间仓促,书中难免会有不足之处,敬请各位专家、学者、同行及读者批评、指正!

编　者
2019年8月

目　录

第一章　电子商务与现代物流概述 ………………………………………… 1

　　第一节　电子商务的产生与发展 ……………………………………… 1
　　第二节　电子商务的基本概念与重要性 ……………………………… 4
　　第三节　现代物流的概念和主要管理特征 …………………………… 7
　　第四节　现代物流的分类、行业组成及其发展的重大意义 ………… 11
　　第五节　电子商务与现代物流的关系 ………………………………… 21

第二章　电子商务的运作模式 ………………………………………………… 24

　　第一节　C2C 电子商务 ………………………………………………… 24
　　第二节　B2C 电子商务 ………………………………………………… 29
　　第三节　B2B 电子商务 ………………………………………………… 32
　　第四节　O2O 电子商务 ………………………………………………… 37
　　第五节　C2B 电子商务 ………………………………………………… 41

第三章　现代物流的基本活动 ………………………………………………… 45

　　第一节　仓储管理 ……………………………………………………… 45
　　第二节　运输管理 ……………………………………………………… 49
　　第三节　配送管理 ……………………………………………………… 55
　　第四节　装卸搬运管理 ………………………………………………… 63
　　第五节　流通加工与包装技术 ………………………………………… 71
　　第六节　供应链管理 …………………………………………………… 80

第四章　企业物流管理 ………………………………………………………… 90

　　第一节　企业物流 ……………………………………………………… 90
　　第二节　第三方物流与第四方物流 …………………………………… 100
　　第三节　电子商务的物流管理模式 …………………………………… 107
　　第四节　跨境电商与国际物流 ………………………………………… 110

第五章　物流成本管理 ………………………………………………………… 119

　　第一节　物流成本分析 ………………………………………………… 119

第二节　物流成本控制 ··· 125
　　第三节　物流成本控制策略 ·· 133

第六章　物流信息技术与电子物流 ·· 142
　　第一节　物流信息 ·· 142
　　第二节　物流管理信息系统 ··· 146
　　第三节　物流信息技术 ··· 149
　　第四节　电子物流 ·· 168

第七章　逆向物流与绿色物流 ··· 175
　　第一节　逆向物流 ·· 175
　　第二节　绿色物流 ·· 187

参考文献 ··· 197

第一章　电子商务与现代物流概述

物流无处不在。我们日常用到的每一件商品,从它还是原材料开始,基本都要经过较复杂的流动过程才能到达我们身边。物流通常是指物品从供应地向接收地实体流动的过程,根据实际需要,将运输、储存、装卸、搬运、包装、流通加工、配送和信息处理等基本功能实施有机结合的活动,以满足消费者的需求为目标,把生产、供应、销售等组合在一起形成的一种行业形态。电子商务(Electronic Commerce,EC)通常是指在全球各地广泛的商业贸易活动中,在因特网开放的网络环境下,基于浏览器/服务器应用方式,买卖双方不谋面地进行各种商贸活动,实现消费者的网上购物、商户之间的网上交易和在线电子支付以及各种商务活动、交易活动、金融活动和相关的综合服务活动的一种新型的商业运营模式。电子商务的本质是商务,商务的核心是商品交易,大部分商品交易都会涉及物流。电子商务与现代物流密不可分,相互影响,电子商务作为一种虚拟化网络交互空间,为现代物流的发展提供了一个全新的空间。物流的运作方式在电子商务的背景下也发生了变化,网络对物流实现了实时控制。物流的发展促进了电子商务的发展,电子商务的大环境为现代物流的发展带来了机遇和挑战。总之,电子商务与现代物流业的关系是一种互为条件、互为动力、相互制约的关系,关系处理得当,采取的措施得力,两者可以相互促进,共同发展;反之也可能互相牵制。

第一节　电子商务的产生与发展

一、电子商务的产生

早在1844年美国人莫尔斯发明了电报之后,人们就开始用电报传递信息,随着科技的发展,人们还通过电话、传真来传递信息,这些都是电子商务的开端。1991年,互联网向社会公众开放之后,电子商务开始迅速发展。

电子商务产生的必然条件:
(1)在商务活动中利用电子这种载体作为媒介来传递交易信息。
(2)开始形成有利于电子商务发展的社会大环境。
(3)商务的交易方式将因电子技术的使用而改变。
(4)越来越多的人采用或即将采用这种交易方式。
(5)全社会已经有一个电子商务交易的技术环境和平台。

(6)未来的经济增长将会以电子商务为新的热点。

(7)经济全球化的步伐加快。

二、电子商务的发展历程

电子商务的形成大约经历了三个阶段：

1. 第一阶段

20世纪50年代中期，美国出现了"商业电子化"的概念，当时是指利用电子数据处理设备，使簿记工作自动化。1964年，美国IBM公司研制成用磁带存储数据的打印机，第一次在办公室中引入商业文书处理的概念；1969年又研制出磁卡打印机，可进行文字处理。20世纪70年代中期，工业化国家已经普遍采用文字处理机、复印机、传真机、专用交换机等商业电子化设备，实现了单项商业业务的电子化。

2. 第二阶段

20世纪70年代微电子技术的发展，特别是个人计算机的出现，使商业电子化进入以微型计算机、文字处理机和局域网络为特征的新阶段。此阶段，以计算机、网络通信和数据标准为框架的电子商业系统应运而生，电子商业系统把分散在各商业领域的计算机系统连接成计算机局域网络。此阶段通常采用电子报表、电子文档、电子邮件等新技术和功能强大的商业电子化设备。

3. 第三个阶段

从20世纪80年代后期开始，商业电子化向建立商业综合业务数字网的方向发展。在此阶段，出现了功能强大的电子商业软件包、多功能的电子商业工作站和各种联机电子商业设备，如电子白板、智能复印机、智能传真机、电子照排及印刷设备和复合电子文件系统等。随着电子通信标准的研究，电子数据交换系统的开发，以及计算机开始运用于商业数据的收集、处理，电子商务时代真正来临了。

虽然电子商务在我国只有短短20年左右的发展时间，但它现在已经成为国家发展、社会活动以及人民生活不可分割的有机组成部分。中国互联网用户数量以及网上购物者数量逐年攀升，电子商务在现代服务业中的比重也在不断增加，电子商务制度体系基本健全，已初步形成安全可信、规范有序的网络商务环境。

提高大型企业电子商务水平，推动中小企业普及电子商务，促进重点行业电子商务发展，推动网络零售规模化发展，提高政府采购电子商务水平，促进跨境电子商务协同发展，持续推进移动电子商务发展，促进电子商务支撑体系协调发展，提高电子商务的安全保障和技术支撑能力等，已成为我国电子商务发展的重点任务。

三、电子商务的影响

1. 电子商务改变了市场商务活动的方式

传统商务活动中的中间商功能将被取代,新产品和新市场将出现,企业和消费者之间的关系不再被时间和空间的差异所束缚。企业的营销观念、营销环境和营销策略发生重大的改变。

2. 电子商务给新行业的出现带来机会

在电子商务条件下,传统的业务模型发生了变化,许多不同类型的业务过程由原来的集中管理变为分散管理,社会分工逐步变细,因而产生了大量的新兴行业,以配合电子商务的顺利运转。比如,商业企业的销售方式和最终消费者的购买方式的转变,打破了原来的"一手交钱,一手交货"模式,使送货上门等业务成为一项极为重要的服务。

3. 电子商务改变了企业的生产方式

由于电子商务是一种快捷、方便的购物手段,消费者的个性化、特殊性需求可以完全通过网络呈现在生产厂商面前,为了取悦顾客,突出产品的设计风格,制造业中的许多企业纷纷发展和普及电子商务。

4. 电子商务将带来一个全新的金融业

网上银行、银行卡支付网络、银行电子支付系统以及电子支票、电子现金等服务,将传统的金融业带入一个全新的领域。

5. 电子商务将转变政府的行为

在电子商务时代,当企业应用电子商务进行生产经营,银行实现金融电子化,以及消费者实现网上消费时,将同样对政府管理行为提出新的要求,因此,电子政府或称网上政府,将随着电子商务的发展而越来越强化政府的服务功能。

四、电子商务发展中存在的问题

1. 电子商务对买卖双方利益及隐私权保护问题

电子商务特殊的运行模式为欺诈行为提供了一种相对有利的条件,欺诈者可以直接侵害消费者的公平交易权,因为消费者根本看不到自己所要购买的商品的实物,只能在网站上浏览销售商为该商品所做的信息数据。互联网技术使在线消费者的信息随时都有被收集和扩散的危险,只要在网上用个人信箱发信,其信箱基本上就是公开的,个人资料也很容易被窃取。

2. 电子商务安全问题

发展电子商务系统,首先必须具有一个安全、可靠的通信网络,以保证交易信息安全、迅速地传递;其次必须保证数据库服务器绝对安全,防止黑客闯入网络盗取信息。由于网络产品本身就隐藏着安全隐患,加之受技术、人为等因素的影响,不安全因素更加突出。

3. 电子商务的支付结算问题

电子商务的核心内容是信息的互相沟通和交流,洽谈确认,最后才发生交易,如果各银行网络通信平台不统一,就不利于跨行业务互联,也不利于金融监管和宏观调控政策实施。

4. 电子商务的商家信誉问题

电子商务的基石是诚信、信誉,它不像传统的交易方式,消费者可以实地观察、挑选自己的商品,它凭借的完全是商家信誉,有信誉就有顾客。

电子商务的出现改变了社会经济活动的次序,推动了整个社会的发展和经济增长,降低了企业经营成本,提高了企业经济效益,促进了市场的根本变化。电子商务对社会和经济影响巨大,对政府政策和管理也提出了新要求。

第二节 电子商务的基本概念与重要性

一、电子商务的概念

对于电子商务,目前还没有一个统一的定义和说法。从广义的角度来看,电子商务是指人们应用先进的电子手段来从事商务活动的方式。但是,基于不同的出发点和目的,各界对电子商务的说法不同。例如,商贸领域认为电子商务是使商贸全过程实现无纸化操作,在利用电子商务进行网上购物时,将交易双方在销售前的信息交互、销售中的手续办理和销售后的服务等环节全部通过网上的电子数据信息流完成。

1997年11月,在法国巴黎举行的世界电子商务会议(the World Business Agenda for Electronic Commerce)对电子商务的解释为:在业务上,电子商务是指实现整个贸易活动的电子化,交易各方以电子交易方式进行各种形式的商业交易;在技术上,电子商务采用电子数据交换(EDI)、电子邮件(E-mail)、共享数据库(Database)、电子公告牌(BBS)以及条形码(Barcode)等技术。

我国政府相关部门对电子商务作出的定义有以下几种:

(1)国务院信息化工作办公室在2007年12月提交的《中国电子商务发展指标体系研究》中,将电子商务定义为:电子商务是指通过以互联网为主的各种计算机网络进行的,以签订电子合同(订单)为前提的各种类型的商业交易。

(2)中华人民共和国商务部在2009年4月发布的《电子商务模式规范》中,将电子商务定义为:电子商务是指依托网络进行货物贸易和服务交易,并提供相关服务的商业形态。

综合起来,可以得出这样的结论:首先,电子商务是以网络数据处理和传输为技术基础的,可以说计算机是电子商务的主要工具;其次,电子商务是商务活动,它包括一般商务活动的全部内容,商务活动是电子商务的灵魂。

虽然电子商务产生时间不长,但是发展迅速,其发展前景和即将带来的影响,已经受到世界各国政府和厂商企业等的广泛重视,并正在以越来越快的速度显著地改变着人们长期以来习以为常的各种传统贸易活动的内容和形式。

二、电子商务的分类

电子商务模式划分为 C2C、B2C、B2B、O2O、C2B、ABC、B2M、M2C、B2B2C、B2A(即 B2G)、C2A(即 C2G)等类型。

1. C2C 模式

消费者与消费者之间的电子商务(Consumer to Consumer,C2C),是个人之间通过网络通信手段缔结的商品或服务交易模式,如淘宝网、ebay、58 同城、赶集网等。

2. B2C 模式

企业与消费者之间的电子商务(Business to Consumer,B2C),是企业和消费者之间通过网络通信手段缔结的商品或服务交易模式,如天猫、苏宁易购、京东商城、壹号店、当当网等。

3. B2B 模式

企业与企业之间的电子商务(Business to Business,B2B),是企业之间通过网络通信手段缔结的商品或服务交易模式,如阿里巴巴、中国五金商城、中国食品产业网、海尔集团等。

4. O2O 模式

将线下商务与互联网结合的电子商务模式(Online to Offline,O2O),线上线下有机融合,将线下商务与互联网结合在一起,线下销售与服务通过线上推广来揽客,消费者可以通过线上来筛选需求,在线预订、结算,甚至可以灵活地进行线上预订和线下交易、消费,而线下同时也作为线上的触点,提供更多的服务,从而达到线上、线下相互促进的目的,如携程网、四季青、今夜酒店特价、世纪之村等。

5. C2B 模式

消费者与企业之间的电子商务(Consumer to Business,C2B),是消费者与企业之间通过网络通信手段进行的商品或服务交易模式,如聚划算、拉手网、高朋团、窝窝团等。C2B 模式的核心是通过聚合分散分布但数量庞大的用户形成一个强大的采购集团,以此来改变 B2C 模式中用户一对一出价的弱势地位,使之享受到以大批发商的价格买单件商品的利益。

6. ABC 模式

ABC(Agent、Business、Consumer)模式是新型电子商务模式的一种,被誉为继阿里巴巴 B2B 模式、京东商城 B2C 模式和淘宝 C2C 模式之后电子商务界的第四大模式。它由代理商、商家和消费者共同搭建的集生产、经营、消费为一体的电子商务平台。三者之间可以转化,相互服务,相互支持,真正形成一个利益共同体。

7. B2M 模式

B2M(Business to Marketing)是相对于 B2B、B2C、C2C 的电子商务模式而言的,根本区别在于目标客户群的性质不同,B2B、B2C、C2C 的目标客户群是消费者,而 B2M 所针对的目标客户群是该企业或者该产品的销售者或者工作者(职业经理人),而不是消费者。

8. M2C 模式

M2C(Manufacturers to Consumer)是生产厂家(Manufacturers)直接对消费者(Consumers)提供自己生产的产品或服务的商业模式,特点是流通环节一对一,销售成本降低,从而保障了产品品质和售后服务质量。M2C 是 B2M 的延伸,也是 B2M 新型电子商务模式中不可缺少的一个后续发展环节。经理人最终还是要将产品销售给消费者,而这里面也有很大一部分是通过电子商务的形式,类似于 C2C,但又不完全一样。C2C 是传统的盈利模式,赚取商品进出价的差价。M2C 则是生产厂家通过网络平台发布该企业的产品或者服务,消费者通过支付费用获取。

9. B2B2C 模式

所谓 B2B2C 是一种新的网络通信销售方式。第一个 B 指广义的卖方,即成品、半成品、材料提供商等;第二个 B 指交易平台,即提供卖方与买方的联系平台,同时提供优质的附加服务;C 即指买方。卖方不仅是公司,也可以包括个人,即一种逻辑上的买卖关系中的卖方。

10. B2A(B2G)模式

B2G(Business to Government)是企业与政府管理部门之间的电子商务,如政府采购、海关报税的平台和税务局报税的平台等。

11. C2A(C2G)模式

C2G(Consumer to Government)是消费者对行政机构的电子商务,也是政府对个人的电子商务活动。如有些国家政府的税务机构通过指定私营税务或财务会计事务所用电子方式来为个人报税。这类活动虽然没有达到真正的报税电子化,但是它已经具备了消费者对行政机构的电子商务的雏形。

三、电子商务的重要性

电子商务已涉及和可以进行的业务包括：各种数据信息的交换、商家在销售前后向客户提供所销售产品和服务的有关细节、产品使用的技术指南、回答顾客的询问和意见、销售过程的处理等服务；在交易后采用电子信用卡、电子支票、电子现金等方式进行电子支付；对客户所购买的商品进行发送管理和运输跟踪，包括对可以用电子化方式来传送的产品（如软件资料等）的实际发送；在互联网上组建一个虚拟企业来提供产品和服务、组织志同道合的公司和贸易伙伴共同拥有和运营共享的商业方法；政府部门和某些机构通过互联网进行的办公业务和行政作业流程；等等。电子商务的运作是在一个范围广阔的开放的大环境和大系统中，利用前所未有的计算机网络技术，全面实现网上交易的电子化过程，将参加电子商务活动的各方，包括商店、消费者、运输商、银行和金融机构、信息公司或证券公司以及政府机关等联系在一起。电子商务交易完成的关键在于可以安全地实现在网上信息传输和在线支付的功能，所以，为了顺利完成电子商务的交易过程，需要建立全社会的电子商务服务系统，健全电子商务的规范和法规、安全和实用的电子交易支付方法和机制等，来确保参加交易的各方和所有的合作伙伴都能够安全可靠地用电子商务的方式进行全部的商业活动。电子商务是一种在网上开展的最先进的交易方式，网络是电子商务最基本的构架。电子商务强调参加交易的买方和卖方、银行或金融机构、厂商、企业和所有的合作伙伴，都要通过企业内部网(Intranet)、企业外部网(Extranet)和互联网(Internet)密切结合起来，共同从事在计算机网络环境下的商业电子化应用研究，实现真正意义上的电子商务。互联网上的电子商务市场是一个资源丰富的信息库，它能够为用户实时地提供所需的各类商品的供应量、需求量、发展状况及买卖双方的详细情况，从而使厂商能够更方便地研究市场，更准确地了解市场和把握市场。互联网上的电子商务市场又是世界各地厂商进行广告宣传的良好渠道，全球性的互联网络可以使厂商在电子商务网络上的广告传播面最广而所需费用最低。

第三节 现代物流的概念和主要管理特征

一、现代物流的概念

1. 物流的认知发展

人类社会自开始生产与商品交换以来，就存在着与生产和流通相适应的物流活动。生产资料和生活资料的生产与耗用往往存在时间和空间上的差异，在产地消费的同时，人们需要将物品运至特定地点存储起来，以供再生产、交换和消费，这个过程普遍存在于人们的社会生活中。但物流作为一个行业或一门学科，真正引起人们的重视并加以深入研究，是在20世纪80年代。

1973年，石油危机席卷全球，运输费用和包装费用因石油价格激增了20%～30%，并由此连锁引发了其他原材料价格加速上涨和人工费用支出激增，导致平均石油消耗量占总成本20%～30%的运输业举步维艰。当时的英国物料搬运中心进行了一次调查，结果显示：在整个生产和流通领域，物流费用占总费用的63%，于是许多企业开始致力于在物流方面采取强有力的措施，控制物流费用增长，以期大幅度降低商品流通费用，从而弥补因原材料、燃料、人工费用上涨而失去的利润，这些措施在稳定经济、防止危机扩大等方面取得了丰硕的成果，物流也因而受到了人们的普遍关注。"节约费用就是创造利润"的观念成为人们的共识。物流发展至今，已成为一个融合运输、仓储、货运代理和信息等行业的复合型服务产业。

随着经济全球化与信息网络技术的迅猛发展，作为一种先进的组织方式和管理技术，现代物流被广泛认为是企业降低物资消耗、提高劳动生产率的重要利润源泉，加快发展现代物流，建立现代物流服务体系，以物流服务促进其他产业的发展，已经成为共识。物流已成为一个在社会经济发展过程中永恒的课题。

2. 物流的概念

物流泛指将原材料、产成品从起点至终点及其相关信息有效流动的全过程。它将运输、仓储、装卸、加工、整理、配送、信息等有机结合，形成完整的供应链，为用户提供多功能、一体化的综合性服务。

国家标准《物流术语》(GB/T18354—2006)对物流(Logistics)的解释为：物品从供应地向接收地的实体流动过程，根据实际需要，将运输、储存、装卸、搬运、包装、流通加工、配送、回收、信息处理等基本功能实施有机结合。

我国台湾则认为物流是一种物的实体流通活动。在流通过程中，通过管理程序有效结合运输、仓储、装卸、包装、流通加工、咨询等相关物流机能性活动，创造价值，满足顾客及社会性需求。

美国物流管理协会(Council of Logistics Management，CLM)对物流的定义是：物流是供应链活动的一部分，是为满足顾客的需要而对商品、服务及相关信息从产地到消费地的高效、低成本流动和储存而进行的规划、实施和控制过程。

总之，物流包含了以下内容：

(1) 物流是物品实体流动。物流中的"物"指一切可以进行物理性位置移动的物质资料和服务，物质资料既包括物资、物料和货物，也包括随着生产和销售出现的包装容器、包装材料等废弃物；服务主要指货物代理和物流网络服务。物流中的"流"是指物的实体位移,包括短距离的搬运、长距离的运输和全球物流,既涵盖有交易产生的商业活动中的"流通",又包括生产领域中的"流程"。

(2)物流是一个过程,是一个具有对象、流向及静动结合的活动过程,同时又是一个集各种功能要素于一体的集成管理过程。

(3)物流的出发点是满足用户需求,物流立足点是提供综合服务。

(4)现代物流强调完整的供应链,强调功能的整合,强调要素的集成。

二、现代物流的主要管理特征

1. 现代物流管理以实现顾客满意为第一目标

现代物流是在企业经营战略基础上从顾客服务目标的设定开始,进而追求顾客服务的差别化战略。在现代物流中,顾客服务的设定优先于其他各项活动。为了使物流服务能有效地开展,在物流体系的建设上,要求物流中心具备完善的组织构成、作业系统和信息系统。

具体地说,物流系统必须做到:

(1)物流中心网络优化。要求工厂、仓库、商品流通加工、集中配送等中心的建设(如规模、地理位置等)既要符合分散化的原则,又要符合集约化的原则,使物流活动有利于顾客的服务,实现客户满意。

(2)物流主体选择的合理化。从生产阶段到消费阶段,会经过供应商、制造商、分销商等物流主体,他们的选择会直接影响物流活动的效果或实现顾客服务的程度。

(3)物流信息系统的高效化。能及时有效地反馈物流信息和顾客对物流的期望。

(4)物流作业的效率化。在配送、装卸、加工等过程中采用高效率的作业方式和作业手段,使企业最有效地实现商品价值和客户满意的服务。

2. 现代物流管理以企业整体最优为目的

现代物流所追求的是费用最省、效率最高、效益最好,是针对物流系统最优而言的。当今的商品市场,商品生产周期不断缩短,流通地域不断扩大,顾客要求高效而经济地输送物品。在这种状况下,如果企业物流仅仅追求"部分最优",或"部门最优",将无法在日益激烈的企业竞争中取胜。从原材料的采购到商品向消费者移动的过程中,只有将部分和部门有效结合,才能获得综合效益。也就是说,在企业组织中,以低价采购为主的采购理论,以生产增加、生产合理化为主的生产理论,以追求低成本为主的物流理论,以增加销售额和扩大市场份额为主的销售理论等理论之间仍然存在着分歧与差异,力图追求全体最优才是现代物流的目的。

应当注意,追求整体最优并不是说可以忽略物流的效率化。物流部门在强调整体最优时,应当与现实对应,实现物流部门的高效化。

3. 现代物流管理注重整个流通渠道的商品运动

现代物流管理的范围不仅包括销售物流和企业物流,还包括供应物流、退货物流及废弃品物流。现代物流管理中的销售物流概念也有新的延伸,即不仅是单一阶段的销售物流(如厂商到批发商、批发商到零售商、零售商到消费者的独立的物流活动),而是一种整体的销售物流活动,也就是将销售渠道的各个参与者(厂商、批发商、零售商和消费者)结合起来,保证销售物流行为的合理化。

4. 现代物流管理既重视效率又重视效果

现代物流管理不仅重视效率方面,更强调整个流通过程的物流效果。也就是说,从成果的角度来看,虽然有些物流活动使成本上升,但如果它能有利于整个企业战略的实现,那么这种物流活动仍然是可取的。主要体现在以下几个方面:物流手段上,现代物流管理从原来重视物流的设备等硬件要素转向重视信息等软件要素;物流领域方面,从以前运输储存为主的活动转向物流的全过程(包含采购、生产、销售领域或批发、零售领域的物流活动扩展);作业层次,从原来的作业层次转向管理层次;需求对应,从原来强调运力确保、降低成本等企业内需求的对应,转变为强调物流服务水平提高等市场需求对应,进而发展到重视环境等社会需求的对应。

5. 现代物流管理是对商品运动的全过程管理

现代物流把从供应商到为最终顾客服务的整个流通过程所发生的商品流动作为整体来看待。伴随着商品实体的流动,必然会出现"位置移动"(空间变动)和"时间推移"(时间快慢)两种物流现象,其中时间推移与产销紧密联系,物流活动的快慢决定经济效益的高低和服务品质的优劣。物流活动还必须及时了解和反映市场需求,并反馈到供应链的各个环节,以保证生产经营决策的正确性和再生产的顺利进行。现代物流强调的就是如何有效地实现全过程管理,切实管理好供应链各个环节。

6. 现代物流管理重视以信息为中心

现代物流活动不是单个生产部门或销售部门的事情,而是包括供应商、制造商、批发商、零售商等关联企业在内的整个统一体的共同活动,是从开始到最终用户的整个流通过程和全体商品流动的供应链管理。这种供应链管理引起的一个直接效应是产销结合在时空上比以前任何时候都紧密,并带动了企业经营管理的进步。企业管理重视以信息为中心,利用企业资源计划(ERP)、物料需求计划(MRP)、制造资源计划(MRPⅡ)、电子数据交换(EDI)、条形码、地理信息系统(GIS)、卫星定位系统(GPS)等现代信息技术,随时了解市场变化信息、商品供求信息、物流运行信息,有利于提高企业的经济效益。

第四节 现代物流的分类、行业组成及其发展的重大意义

一、现代物流的分类

在社会经济领域中物流活动无处不在，许多领域都有包含其行业特征的物流活动。虽然物流的基本要素相同，但由于物流对象不同，物流目的不同，物流范围、范畴不同，形成了不同类型的物流。

1. 按物流系统设计领域分类

（1）宏观物流。宏观物流是指社会再生产总体的物流活动，它是从社会再生产总体角度研究物流活动的，这种物流活动的参与者是构成社会总体的大产业、大集团。宏观物流也就是研究产业或集团的物流活动和物流行为。

宏观物流还可以从空间范畴来理解，它是在很大空间范畴的物流活动，往往带有宏观性。宏观物流也指物流全体，它是从总体来看物流，而不是从物流的某一个环节来看物流。宏观物流研究的主要特点是综观性和全局性，主要研究内容是：物流总体构成、物流与社会的关系；物流在社会中的地位、物流与经济发展的关系、社会物流系统与国际物流系统的建立和运作。

（2）微观物流。企业所从事的实际的、具体的物流活动属于微观物流，在整个物流活动中的一个小局部、一个环节的具体物流活动也属于微观物流，在一个小地域空间发生的具体的物流活动也属于微观物流，针对某一产品进行的物流活动也是微观物流。微观物流研究的主要特点是具体性和局部性，包括企业物流、生产物流、供应物流、销售物流、回收物流、废弃物物流、生活物流等物流活动。

2. 按物流系统涵盖领域分类

（1）社会物流。社会物流指超出一家一户的以面向社会为目的的物流，这种社会性很强的物流往往是由专门的物流承担者承担的。社会物流的范畴是社会经济的大领域，它研究再生产过程中随之发生的物流活动；研究国民经济中的物流活动；研究面向社会、服务社会又在社会中运行的物流；研究社会中的物流体系的结构和运行，因此，社会物流带有综合性和广泛性。

（2）企业物流。企业物流是指生产和流通企业围绕其经营活动所发生的物流活动。它是从企业角度研究与之有关的物流活动，是具体的、微观的物流活动的典型领域。企业物流又可按生产过程分为供应物流、生产物流、销售物流、回收物流与废弃物物流。

3. 按物流活动覆盖范围分类

（1）国际物流。跨越不同国家（地区）之间的物流活动称为国际物流。国际物

流是国际贸易的一个必然组成部分,各国之间的相互贸易最终通过国际物流来实现。当今世界的发展主流是国家与国家之间的经济交流越来越频繁,任何国家如果不投身于国际经济大协作的交流之中,本国的经济技术就得不到良好的发展。目前,工业生产正在走向社会化和国际化,出现了许多跨国公司,一个企业的经济活动范围可以遍布世界各地,因此,国际物流是现代物流系统中的重要领域。

(2)国内物流。相对于国际物流而言,一个国家范围内的物流、一个城市的物流、一个经济区域的物流都处于同一法律、规章、制度之下,都受相同文化及社会因素的影响,都处于基本相同的科技水平和装备水平。国内物流可以细分为城市、城际、城域、省城、地区等不同服务范围的物流类别。

4. 按物流服务对象分类

(1)一般物流。一般物流是指物流活动的共同点和一般性。物流活动的一个重要特点是涉及全社会、各企业,因此,物流系统的建立、物流活动的开展必须具有普遍的适用性。

(2)特殊物流。特殊物流是指专门范围、专门领域、特殊行业,在遵循一般物流规律基础上的带有特殊制约因素、特殊应用领域、特殊管理方式、特殊劳动对象、特殊机械装备特点的物流。

5. 按物流主体分类

(1)第一方物流。第一方物流指由卖方、生产者或供应方组织的物流。这些组织的核心业务是生产和供应商品,为了自身生产和销售业务需要而进行的物流网络及设施设备的投资、经营与管理。

(2)第二方物流。第二方物流指由买方、需求方或消费者组织的物流。这些组织的核心业务是物资采购,为了采购业务需要投资建设物流网络、物流设施和设备,并进行具体的物流业务运作组织和管理。

(3)第三方物流。第三方物流由供应方和需求方之外的第三方去完成,是指专业物流企业在整合了各种资源后,为客户提供包括设计规划、解决方案以及具体物流业务运作等全部物流服务的物流活动,它是企业物流业务外包的产物。第三方物流也叫契约物流或合同物流。

(4)第四方物流。第四方物流指在第三方物流基础上发展起来的供应链整合,是供应链的集成者。它与职能互补的服务提供商一起组合和管理组织内的资源、能力和技术,提出整体的供应链解决方案。

(5)第五方物流。第五方物流指专门从事物流业务培训的一方。随着现代综合物流的开展,人们对物流的认知有个过程,因此,提供现代化综合物流的新的理念以及实际运作方式等专门的有关物流人才的培养便成为物流行业中一项重要的工作。

6. 按物流流向分类

(1) 正向物流。正向物流指物资从生产到消费过程中,在实际方向上的物流,也就是指从原材料的采购、运输、存储到产品的生产、加工、存储、运输、配送直至销售到顾客手中以及商品的售后服务等整个过程。

(2) 逆向物流。逆向物流是相对于正向物流而言的,是与正向物流物资流向相反的物流。逆向物流的形成是由于消费者对不满意产品退货、不合格的材料和残次品退货、包装品的回收复用、废弃物的处理以及正常退货等。逆向物流与正向物流相比,其控制与生产规划更为困难、复杂,其中也掺杂了许多不确定因素,因此,逆向物流成为影响供应链中物流系统运作效率的重要因素。

7. 按物流行业分类

根据不同物流行业的种类,物流可分为公路物流、铁路物流、航空物流、水上物流、邮政物流。

8. 其他物流

(1) 绿色物流。在物流过程中,抑制物流对环境造成危害的同时,实现对物流环境的净化,使物流资料得到最充分的利用,如包装物的重复再利用等。

(2) 军事物流。用于满足平时、战时军事行动物资需求的物流活动,如战略物资的储备与运输等。

(3) 定制物流。根据用户的特定要求而专门设计的物流服务模式。

(4) 虚拟物流。利用计算机网络技术进行物流运作与管理,实现企业间物流资源共享和优化配置的物流方式。

二、现代物流的行业组成

物流业的形成是商品经济发展的产物,从整个人类社会发展看,运输及其他物流活动从生产过程中分离而独立出来,形成了一个独立的产业部门,并经历了漫长的历史过程。

在人类社会发展过程中,第一次社会大分工是畜牧业同农业分离,使商品交换成为可能。第二次社会大分工是手工业同农业分离,出现了直接以交换为目的的商品生产。第三次社会大分工,出现了专门从事商品交换的商人,使商品经济得到进一步发展,商品交换的规模有所扩大。起初,由商品交换而产生的运输活动是由商品生产者自己完成的,是为交换而运输的。其后,运输活动和商业活动结合在一起,商人主要从事商业活动而兼营运输,运输成为实现商品交换的辅助手段,具有明显的依附性质。然而,流通过程中的运输及其他物流活动从商业中分离出来,并形成独立的产业部门,是社会生产力、商品经济发展到一定阶段的产物。

产业是一个相对模糊的概念，在英文中，产业、行业、工业等都可以称"Industry"。在产业经济学中对产业的定义为：产业是国民经济中以社会分工为基础，在产品和劳务的生产和经营上具有某些相同特征的企业或单位及其活动的集合。根据这个定义，物流业是指国民经济中从事物流经济活动的社会生产部门，是从事物流经济活动的所有企业或单位的集合。

《物流业调整和振兴规划》（国发〔2009〕8号）中提出："物流业是融合运输业、仓储业、货代业和信息业等的复合型服务产业，是国民经济的重要组成部分，涉及领域广，吸纳就业人数多，促进生产、拉动消费作用大，在促进产业结构调整、转变经济发展方式和增强国民经济竞争力等方面发挥着重要作用。"

根据我国《国民经济行业分类》中的分类标准，物流业应由交通运输业（包括铁路运输业、道路运输业、城市公共交通、水上运输业、航空运输业、管道运输业、装卸搬运和其他运输服务业）、仓储业、邮政业、批发和零售业组成。

1. 按照服务特点划分，物流业由以下五大行业构成

（1）交通运输业。这是现代物流业的主体行业，不但包括各种不同运输形式的小行业，而且包含为主体交通运输起支撑、保证、衔接作用的许多行业，如：

铁道货运业：包括与铁道运输有关的装卸、储运、搬运等，从事的业务有整车运输业务、集装箱运输业务、混载运输业务和行李托运业务。

汽车货运业：分为一般汽车货运和特殊汽车货运，一般汽车货运业从事普通性质的货物干线运输或区域运输；特殊汽车货运业是从事长、大、笨重、危险品、鲜活易腐品等特殊物品的运输。

水道货运业：包括远洋、沿海、内河三大类别的船舶运输。远洋运输属于海上长途运输，这种运输是国际物流中的主要运输方式，主要业务有船舶运输、船舶租赁、运输代办等。沿海运输主要从事近海、沿海的海运。内河运输主要在内河水道从事船舶货运。

航空货运业：主要业务有国际航空货运和国内航空货运、快运等。

管道运输业：主要用于液体、气体、粉末及颗粒状货物的运输，可有效减少货损、货差。

（2）仓储业。仓储业通过提供仓库承担存储货物业务，有代存、代储、自存自储等。现代物流业的存储环节除了原有的保管储存业务外，还要承接大量的流通加工业务，如分割、分拣和组装等，同时还承担在物流中分量很重的装卸业务。

（3）通运业。这是国外物流业中的主要行业之一。我国这一行业诞生时间不长，规模不大。通运业是货主和运输业之外的第三者从事托运业和货运委托人的行业。各种运输业除了直接办理承运手续外，都有通运业从事委托、承办、代办等实现货主的运输要求，包括集装箱联运业、集装箱租赁经营业、运输代办业、行李托运业、托盘联营业等。

（4）配送业。配送业是以配送为主的各类行业，这类行业要从事大量的商流活动，是商流和物流一体化的行业。

（5）连锁经营业。这是当前国际、国内普遍采用的一种主要的商业经营模式（商流），如超级市场、购物广场、连锁商店、便利店、专卖店、社区店等的连锁经营，其采购、运输、销售等都需要物流配套。从本质上说，连锁经营业实际上是终端物流业。

2. 按照实现方式划分，物流业还可划分为 17 个小行业

表 1-1　按照实现方式划分的物流行业

行业	内容
铁道运输业	在物流领域，它具体是指铁道货运业，这一行业包括与铁道运输有关的装卸、储运、搬运等。在物流概念中，它仅属于运输范畴的活动。铁道运输业从事的业务有整车运输业务、集装箱运输业务、混载货物运输业务和行李货物运输业务四类。铁道领域的不少生产性行业，如机车车辆制造等不属于物流领域的铁道运输业
汽车货运业	汽车货运业在我国有特殊汽车货运业和一般汽车货运业两个行业领域。特殊货运是专运长、大、重或危险品、特殊物品等。一般汽车货运业从事长途或区域内货运。汽车货运业在许多领域是附属于其他行业的，不自成行业或不独立核算。例如，为配合仓储发货的汽车运输，为实现配送的汽车运输；为增加铁道、航空、水运等服务功能的汽车运输等，都隶属于主体行业
远洋货运业	海上长途运输的船运行业即一般所称的海运业。这种行业的业务活动是以船舶运输为中心，包含港湾装卸和运输、保管等。这种运输往往是国际物流的一个领域。远洋运输业从事的业务有船舶运输、船舶租赁和租让、运输代办等
沿海船运业	主要从事近海、沿海的海运
内河船运业	在内河水道从事船舶货运的行业。海运、沿海运及内河运三种运输形态使用的船舶吨位、技术性能、管理方式都有所区别，因而各自形成独立的行业
航空货运业	又可分为航空货运业和航空货运代理业。前者直接受货运委托；后者是中间人行业，受货主委托，代办航空货运。航空货运业的主要业务有国际航空货运、国内航空货运、快运、包机运输等
集装箱联运业	专门办理集装箱"一票到底"联运的集装箱运输办理业。可以代货主委托完成各种运输方式的联合运输，并开展集装箱"门到门"运输、集装箱回运等业务
仓库业	以仓库存货为主体的行业，包括代存、代储、自存自储等
中转储运业	以中转货物为主的仓储业
托运业	以代办各种小量、零担运输、代办包装为主体的行业
运输代办业	以代办大规模、大批量货物运输为主体的行业

续表

行业	内容
起重装卸业	以大件、笨重货物的装卸、安装及装运为主体的行业
快递业	以承接并组织快运快递服务为主体的行业
拆船业	以拆船加工为主体的再生物流行业
拆车业	以拆解汽车为主体的行业
集装箱租赁业	专门从事集装箱出租的行业
托盘联营业	组织托盘出租、交换等业务的行业

三、现代物流的发展趋势

1. 物流技术高速发展,物流管理水平不断提高

国外物流企业的技术装备已达到相当高的水平,目前已经形成以信息技术为核心,以信息技术、运输技术、配送技术、装卸搬运技术、自动化仓储技术、库存控制技术、包装技术等专业技术为支撑的现代化物流装备技术格局。其发展趋势表现为以下几个方面:

信息化:广泛采用无线互联网技术、卫星定位技术(GPS)、地理信息系统(GIS)和射频技术(RF)、条形码技术等。

自动化:自动引导小车(AGV)技术、搬运机器人(Robot System)技术等。

智能化:电子识别和电子跟踪技术、智能交通与运输系统(ITS)。

集成化:集信息化、机械化、自动化和智能化于一体。

当前,世界物流与运输科技的发展呈现出三大趋势,物流与运输技术的研究集中于五大热点。

科技发展的三大趋势为:

(1)提高通行能力,加强环境保护,开展智能化运输和环保专项技术的研究。

(2)以人为本,重点开展交通安全技术的研究。

(3)确定经济合理的目标,促进新材料的广泛应用和开发。

物流与运输技术研究的五大热点主要包括:

(1)利用全球定位系统(GPS)实现监测自动化。

(2)利用交通地理信息系统(GIS-T)促进公路建设管理现代化。

(3)发展计算机辅助设计技术(CAD)达到智能化。

(4)利用高科技检测技术,促进工程质量监测和道路养护智能化。

(5)智能化运输系统(ITS)广泛应用。

2. 物流服务的专业化、集中化趋势

随着竞争的激烈,社会化分工日趋细化,物流服务也向专业化、集中化方向发展。由于商品的经济圈越来越大,物流管理的复杂性和大量高科技的融入,物流管理越来越以其专门的技术能力和运作本领成为一个专门的领域。因此,一方面,工商企业越来越趋向于将物流业务交给专业企业经营,而集中于自己的主业(Core Business)。另一方面,一些条件较好的运输企业、仓储企业、货代企业等将会抓住时机,进入用户的物流系统,从提供单一的服务项目,成长为能够提供部分或全部物流服务的第三方物流。

从发达国家的情况看,虽然第三方物流只有十几年的发展历史,但它正在成为一个新兴的行业。一般来说,由第三方物流提供的服务主要是两种方式:一种是以产品定向的物流服务;另一种是以客户定向的物流服务。所谓以产品定向的物流服务,是把有相似需求的客户服务对象聚集起来,形成规模经营。以客户定向的物流服务是指主要提供基本服务,针对单一客户的特殊需求,提供综合性的、量体裁衣式的服务,包括基本服务和增值服务。比如有一些公司不仅承担运输服务和仓储服务,还提供一系列附加的创新服务和独特服务,如产品的分类、包装、存货管理、订货处理,甚至包括信息服务、网络设计等。少数实力雄厚的大公司,最终能够成为提供全方位、高层次物流服务,并参与复杂、高度一体化的供应链管理的第三方物流。

3. 物流服务的优质化与全球化趋势

物流服务的优质化与全球化趋势日益明显,构建合同导向的个性化服务体系将成为企业获取竞争优势的关键。随着消费多样化、生产柔性化、流通高效化,社会和客户对物流服务的要求越来越高。物流成本不再是客户选择物流服务的唯一标准,人们更多的是注重物流服务的质量。

物流服务的优质化是物流今后发展的重要趋势,"7R服务"将成为物流企业优质服务的共同标准。

物流服务的全球化是今后发展的又一重要趋势。荷兰国际销售委员会在其发表的一篇题为《全球物流业——供应连锁服务业的前景》中指出:目前许多大型制造部门正在朝着"扩展企业"的方向发展,这种所谓的"扩展企业",基本上包括了把全球供应链条上所有的服务商统一起来,并利用最新的计算机体系加以控制。同时,报告认为,制造业已经实施"定做"服务理论,并不断加速其活动的全球化,对全球供应连锁服务业提出了一次性销售(即"一票到底"的直销)的需求。这种服务要求极其灵活机动的供应链,这也迫使物流服务商几乎采取了一种"一切为客户服务"的解决办法。

面对21世纪更加激烈的市场竞争和迅速变化的市场需求,为客户提供日益完善的增值服务,满足客户日益复杂的个性化需求,将成为现代物流企业生存和发展的关键。物流企业的服务范围将不仅限于一项或一系列分散的外协物流功能,而是更加注重客户物流体系的整体运作效率与效益,供应链的管理与不断优化将成为物流企业的核心服务内容。物流企业与客户的关系不仅仅是现阶段的一般意义上的买卖关系或服务关系,将越来越多地体现为一种风险共担的战略同盟关系,与上述物流发展理念相左的物流企业将逐渐被淘汰出局。

4. 电子商务物流需求强劲

互联网络的电子商务的迅速发展,促使了电子商务物流的兴起。

企业通过互联网加强了企业内部、企业与供应商、企业与消费者、企业与政府部门的联系沟通、相互合作,消费者可以直接在网上获取有关产品或服务信息,从而实现网上购物。这种网上的"直通方式"使企业能迅速、准确、全面地了解需求信息,实现基于客户订货的生产模式(Build to Order,BTO)和物流服务。此外,电子物流可以在线跟踪发出的货物,联机地实现投递路线的规划、物流调度以及货品检查等。

可以说电子物流已成为21世纪国外物流发展的大趋势。一方面电子物流的兴起,刺激了传统邮政快递业的需求和发展;另一方面,新兴的快递业发展迅猛,触角伸向全球各地。

长期以来,世界许多大的经济发达国家的经济萧条,使全球传统的邮政业都不景气,而在电子商务快速发展的背景下,有专家预测,短期内邮政业的一些传统功能可能会很快消失,但作为互联网时代的一个必不可少的通信工具,邮政业的传统功能将以其他方式很快重现出来。通过互联网进行的电子商务通常是由于交易双方的距离比较遥远,比如通过电话销售、电视直销等方式促成的交易,这就为包裹邮寄和快递业务提供了巨大的发展机遇。正如在经过促销、电话营销、直销以及电视直销和互联网展示后,产品最终以邮寄方式送到用户手中。因此,电子商务刺激了传统邮政业向电子物流方向发展。

除了传统邮政业将自己的业务向电子物流方向拓展外,一些国际著名的快递企业在电子物流中充当前锋。例如,美国联邦快递、UPS等已将自己的触角延伸到世界各国,大有抢占电子物流市场先机之势。一些新兴的物流企业也将视角瞄准电子商务这一新的物流需求市场。

5. 绿色物流将成为新增长点

物流虽然促进了经济的发展,但也给城市环境带来负面的影响,如运输工具的噪声、污染排放、对交通的阻塞等,以及生产和生活中废弃物的不当处理对环境所造成的影响。为此,21世纪对物流提出了新的要求,即绿色物流。绿色物流主要包含两个方面:一是对物流系统污染进行控制,即在物流系统和物流活动的规划与决策中尽量采用对环境污染小的方案,如采用排污量小的货车车型、近距离配送、夜间运货(以减少交通阻塞、节省燃料和降低排放)等。发达国家倡导绿色物流,是在污染发生源、交通量、交通流等方面制定了相关政策。二是建立工业和生活废料处理的物流系统。

6. 物流专业人才需求增长,教育培训体系日趋完善

在物流人才需求的推动下,一些经济发达国家已经形成了较为合理的物流人才教育培训体系。如在美国,已建立了多层次的物流专业教育,包括研究生、本科生和职业教育等。许多著名的高等院校中都设置物流管理专业,并为工商管理及相关专业的学生开设物流课程,如美国的西北大学、密执根州立大学、奥尔良州立大学、威斯康星州立大学等设立了独立的物流管理专业,或附属于运输、营销和生产制造等其他专业。乔治亚技术学院广泛开展物流职业教育,培养物流管理专业的专科生。其中部分高等院校设置了物流方向的研究生课程和学位教育,形成了一定规模的研究生教育系统。如美国商船学院的全球物流与运输中心和乔治亚技术学院的物流所开展物流方面的科学研究。除正规教育外,在美国物流管理委员会(American Council of Logistics Management)的组织和倡导下,还建立了美国物流业的职业资格认证制度,如仓储工程师、配送工程师等若干职位。所有物流从业人员必须接受职业教育,经过考试获得上述工程师资格后,才能从事有关的物流工作。

四、现代物流发展的意义

1. 物流是国民经济的基础之一

在现实社会中,可以把经济活动归纳为生产、流通、消费三大过程,相应地可以把社会人群分为生产者、流通者、消费者。连接生产和消费的流通就是物流活动。因此,德国的一位经济学家曾指出:将来的社会只有生产者、物流者和消费者三类人。工厂、企业、事业单位的生产、运行需要物流;城市、农村的活动需要物流;所有消费者更离不开物流;而且生产者和物流者从另一角度来看也是消费者,也需要物流。

2. 在特定条件下,物流是国民经济的支柱

在特定的国家或特定的产业结构条件下,物流在国民经济和地区经济中能够发挥带动和支持整个国民经济的作用,能够成为国家或地区财政收入的主要来源,是主要的就业领域,能成为科技进步的主要发源地和现代科技的应用领域。如欧洲的荷兰、亚洲的新加坡和中国香港地区、美洲的巴拿马等,特别是日本以流通立国,物流的支柱作用显而易见。

3. 物流对国民经济生产规模的发展和产业结构的调整有促进作用

市场经济的运行在客观上要求流通规模必须与生产发展的规模相适应,而流通规模的大小在很大程度上取决于物流效能的大小。例如,在铁路运输、水路运输和公路运输有了一定发展的前提下,煤炭、水泥等运量大、体积大的产品才有可能成为大量生产、大量消费的产品,这些商品的生产规模才有可能扩大。同时,物流技术的发展能够改变产品和消费条件,从而为经济的发展创造重要的前提条件。例如,一些鲜活、易腐的农产品,在没有冷冻、储存、保管、运输、包装等物流技术作保证时,只能保存比较短的时间;但当包装技术、冷冻技术、储存技术、运输技术发展到一定程度时,这类商品就能保存比较长的时间,进入更为广阔的市场和消费领域。此外,随着物流技术的迅速发展,物资流转速度将会大大加快,从而加速整个社会经济的发展。物流既是保证社会再生产不断进行的必要前提,又是实现商品流通的物质基础,物流活动承担着国民经济发展的物质资源配置工作,是使物质资料能够顺利进入生产企业以及企业生产的产品能够源源不断流到市场和消费者手中的重要保证。

4. 物流是企业生产连续进行的前提条件

现代化生产的重要特征之一是连续性。一个企业的生产要连续地、不间断地进行,一方面必须根据生产需要按质、按量、按时均衡不断地供给原材料、燃料和工具、设备等;另一方面又必须及时将产成品销售出去。同时,在生产过程中,各种物质资料也要在各个生产场所和工序之间互相传递,经过连续加工成为价值更高、使用价值更大的产品。在现代企业生产经营中,物流贯穿于从生产计划到把产成品送达顾客手中的整个过程,企业生产经营管理活动无一不伴随着物流的运行。

5. 现代物流是"第三利润源泉"

任何一个国家的经济,都是由众多的产业、部门和企业组成的,这些机构互相依赖又相互竞争,形成错综复杂的关系,物流就是维系这种关系的纽带。物流像链条一样把众多不同类型的企业、复杂多变的产业部门、成千上万种产品联结起来,成为一个有序运行的国民经济整体,现代物流作为一种先进的组织方式和管理技术被广泛认为是企业在降低物资消耗、提高劳动生产率以外的重要利润源泉。因而,人们把现代物流称作"第三利润源泉"。合理的物流可以减少物资在流通环节中的损耗,使有限的资源发挥更大的效用;合理的物流可以消除迂回式、单向性等不合理运输,节约运力和费用;合理的物流可以减少库存、加速周转,更充分地发挥储存的效用,所以说物流是在资源领域和人力领域之后的第三利润源泉。

第五节　电子商务与现代物流的关系

一、现代物流对电子商务的影响

1. 物流是电子商务不可或缺的部分，现代物流技术为电子商务快速推广创造条件

电子商务可以用下面的等式表示：电子商务＝网上信息传递＋网上交易＋网上支付＋物流配送。每个完整的商务活动必须具备三项基本要素：物流、信息流和资金流，其中，物流是基础，信息流是桥梁，资金流是目的。在一定意义上说，物流是电子商务的重要组成部分，是信息流和资金流的基础和载体。在信息化的电子商务时代，物流与信息流的配合也变得更重要，因此，必须借助现代物流技术。现代物流比传统物流更容易实现信息化、自动化、现代化、社会化、智能化、简单化，使货畅其流，物尽其用，既减少生产企业库存，加速资金周转，提高物流效率，降低物流成本，又刺激了社会需求，促进经济健康发展。

2. 物流是电子商务优势正常发挥的基础，现代物流配送体系是电子商务的支持系统

在电子商务条件下，商品生产和交换的全过程都需要物流活动的支持，没有现代化的物流运作模式支持，没有一个高效的、合理的、畅通的物流系统，电子商务的优势就难以发挥。现代物流配送可以为电子商务的客户提供服务，根据电子商务的特点，对整个物流配送体系实行统一的信息管理和调度，按照用户要求在物流基地完成理货，并将配好的货物送交收货人。这一现代物流方式对企业提高服务质量、降低物流成本、提高企业经济效益及社会效益具有重要意义。

3. 物流支持电子商务的快速发展

随着电子商务的不断扩大发展，对物流的需求越来越高，作为实体流动的物流活动发展相对滞后，在某种程度上说，物流成为电子商务发展的瓶颈，物流业直接影响着电子商务，因此，其发展壮大对电子商务的快速发展起支撑作用。

过去，人们对电子商务过程的认识往往只局限于信息流、商流、资金流的电子化、网络化，而忽视了物流的电子化过程，物流仍然由传统的经销渠道完成。网络信息时代，电子商务最大的特征就是将商流和资金流信息化，将信息录入网络，把网络商务、网络广告、网络订货以及网络支付过程进行虚拟化和信息化，也就是虚拟经济。而物流中商品的地理位置却在实际流通中发生变化，这使电子商务和物流形成了虚实相应的局面，电子商务和物流在这种虚实结合中共同进步。当然，由于受计划经济的影响，我国物流社会化程度低，物流组织分散，这种分散的多元化物流格局导致物流管理混乱,难以形成统一有效的管理。资源配置的不合理导致物流企业难以形成集约化经营优势,难以实现规模经营、规模效益,物流设施利用率低,资金浪费严重。另外,我国物流企业设备陈旧、效率低,造成运输能力严重不足,形成了物流"瓶颈"。物流因不能适应电子商务快速发展而暴露出种种不尽如人意之处,但这恰恰是现代物流无限商机的源泉。

近年来,为了响应电子商务快速发展的需求,现代物流以一种全新的面貌正在高速发展,服务能力不断提升,成为流通领域革新的先锋。现代物流采用网络化的计算机技术和现代化的硬件设备、软件系统及先进的管理手段,严格按用户的订货要求进行分类、编配、整理、分工、配货等一系列理货工作,定时、定点、定量地交给用户,满足其对商品的需求。

二、电子商务对物流的影响

1. 电子商务为物流创造了一个虚拟性的运动空间

在电子商务条件下,人们在进行物流活动时,物流的各项职能及功能可以通过虚拟化的方式表现出来,人们通过各种组合方式,寻求物流的合理化,使商品实体在实际的运动过程中,达到效率最高、费用最省、距离最短、时间最少的目的。

电子商务可以对物流网络进行实时控制。在电子商务条件下,物流的运作以信息为中心,信息不仅决定了物流的运动方向,而且决定着物流的运作方式。在实际运作当中,网络的信息传递可以有效地实现对物流的控制,实现物流的合理化。

2. 电子商务将改变物流企业对物流的组织和管理

在传统条件下,物流往往是从某一个企业的角度进行组织和管理的,而电子商务则要求物流从社会的角度来实行系统地组织和管理,以打破传统物流分散的状态。这就要求企业在组织物流的过程中,不仅考虑本企业的物流组织和管理,而且更重要的是要考虑全社会的整体系统。电子商务促进物流业管理水平提高,不仅要求物流管理人员具备较强的物流专业知识,也要求他们掌握一定的电子商务技能,这样才能在电子商务革命中有效地将电子商务和物流管理结合起来。因为电子商务的发展势必会增加物流行业的网络商业活动,单纯的专业物流管理人员已经不能满足电子商务对物流业发展的要求,掌握必要的电子商务知识才能让物流业的发展跟上现代经济的步伐。电子商务为物流管理提供了良好的运作平台,在电子商务环境下,供应链中的各个节点企业能更好地实现信息共享,加强供应链中的联系,提高企业生产力,为产品提供更大的附加值。

3. 电子商务将改变物流企业的竞争状态

在电子商务时代,物流企业之间依靠本企业提供优质服务、降低物流费用等来进行的竞争依然存在,但是有效性却大大降低。其原因在于电子商务需要一个全球性的物流系统来保证商品实体的合理流动,对于一个企业来说,即使其规模再大,也难以达到这一要求。这就要求物流企业应联合起来,在竞争中协同合作,以实现物流高效化、合理化和系统化。

4. 电子商务促进物流基础设施改善

电子商务高效率和全球性的特点,要求物流也必须达到这一目标,而物流要达到这一目标,最基本的保证是良好的交通运输网络、通信网络等基础设施,除此之外,相关的法律条文、政策、观念等都要不断地更新。在电子商务条件下,基本的EDI标准难以适应各种运输服务要求,且容易被仿效,以致不能作为物流的竞争优势。所以,物流体系内必须发展专用的EDI能力,才能获取整合的战略优势,专用的EDI能力实际上是在供应链的基础上发展增值网(VAN),相当于在供应链内部使用的标准密码,通过管理交易、翻译通信标准和减少通信链接数目使供应链增值,从而在物流联盟企业之间建立稳定的渠道关系。

5. 电子商务促进物流技术进步

物流技术主要包括物流硬技术和软技术。物流技术水平的高低是实现物流效率高低的一个重要因素,要建立一个适合电子商务运作的高效率的物流系统,加快提高物流的技术水平则有着重要的作用。在电子商务环境下,网上客户可以直接面对制造商(即原始供应商),并可获得个性化定制服务,故传统物流渠道中的批发商和零售商等中介环节将逐步淡出,但是区域销售代理商还将受制造商委托,并会逐步加强其在渠道和地区性市场中的地位,作为制造商产品营销和服务功能的直接延伸。物流系统的组织结构更趋于分散,甚至虚拟化。即时的信息共享使各级制造商在更广泛范围内进行资源即时配置成为可能,故其有形组织结构将趋于分散并逐步虚拟化。

第二章 电子商务的运作模式

电子商务的运作模式是指电子化企业运用资讯科技与互联网来经营企业的方式。电子商务的历史较短且在快速变化和发展中，其运营模式也在不断变化和发展。现有的运作模式达十几种，本章介绍几种最为典型的运作模式，它们分别是 C2C、B2C、B2B、O2O、C2B。

第一节 C2C 电子商务

一、C2C 概述

1. C2C 电子商务的概念

C2C 简单来说，就是消费者与消费者之间的电子商务。C2C 电子商务在概念上重点突出 C(Consumer) 的含义，也就是消费者个人之间通过网络发生交易关系的电子商务。在这种模式中，卖家和买家以个人为主，通过公共的服务交易平台进行各类商务活动。这种电子商务模式的代表有 eBay、拍拍、淘宝等。

2. C2C 电子商务的经营模式

近十年来，随着电子商务的迅猛发展，基于 C2C 电子商务网站进行在线购物成为一种重要的生活方式。C2C 经营模式有以下几种：

(1) 批零模式。批零模式是指卖家以低价批发一定量的商品，通过网店以零售的价格出售，从而赚取批发和零售之间的差价。这种经营模式需要租用场地作为仓库，而且一般要有较为稳定的进货渠道，另外由于市场波动可能造成产品和资金积压，这是最为经典的传统网店经营模式。

(2) 分销模式。分销模式是指作为制造商的分销商(代理商、经销商)将产品通过网店进行销售。适合有一定网店经验和信誉的卖家。一般供应商完成产品推广、商品文案等大量前期工作，卖家专注于店铺的推广和促销活动，对于没有太多业余时间的兼职卖家，这是一个比较可行的网店经营模式。

(3) 双店模式。双店模式是指卖家在实体店的基础上开设网店，实现双店经营模式。卖家通过网络营销能够降低库存，拓宽区域市场，从而驱动产品的销售量；而且网店的成本显然低于实体店，基于实体店的操作经验，卖家很容易在 C2C 平台上销售自己的产品。

(4) 其他模式。由于网店具有成本低、区域广等特点，在店铺实际经营过程中,还出现诸如以销售地方特产或者手工艺品为主的特产模式、以销售专业性产品为主的专业模式、以销售充值服务和软件数据为主的虚拟产品模式等。

3. C2C 电子商务模式的主要特征

作为互联网时代变革传统商业模式的新形式,C2C 电子商务有着区别于一般传统商业模式的显著特征,即:

(1)超时空性。电子商务的超时空性体现在其营销和潜在顾客的超时空限制性。由于互联网本身不受时间和空间的约束,因此,以互联网为载体的电子商务营销活动变得更加自由便捷,商家可以随时随地提供全球性营销服务。如果没有互联网和电子商务的发展,传统商业模式是无法想象的。

(2)高效能性。利用互联网存储的海量信息进行大数据分析,对潜在客户进行精准定位,并代消费者搜索查询,这种精准的营销效率远远超过传统的多媒体,并且可以根据市场需求的变化,及时调整营销策略,根据消费者的需求及时调整产品的数量或价格,从而提高工作效能。

(3)超经济性。互联网让零中间成本的交易具有了可能性。将互联网作为信息交换的平台,让供需双方可以通过互联网进行交易,代替传统的当面交易。这种交易模式既可以免除店租、水电费、人工等成本,又可以减少多个中间环节流通叠加的成本。

(4)交易的虚拟性。通过互联网这一虚拟平台进行的一系列交易,其交易行为与主体的虚拟性使该商业行为区别于传统模式,使征税主体与客体难以与现实相对应。

4. 我国 C2C 电子商务模式的发展现状

(1)交易额增长迅猛。从交易额来看,2010 年 C2C 市场的交易额(含淘宝商城)约为 4651 亿元。市场份额最大的是淘宝网,其网上交易额已经达到了人民币 4000 亿元左右,几乎占据了超过 80% 的市场份额;市场份额位于第二的是拍拍网,占据了约 10.6% 的市场份额;其次是新生的 eBay,市场份额为 3.4%。网络购物发展势头迅猛,民众的网络购物习惯逐渐形成。据阿里巴巴公布的数据,2017 年天猫仅"双十一"期间交易额就高达 1012.17 亿元。从交易数量来看,交易提供方数量继续增长,已经超过五百万人次。

(2)网购商品多样化。根据淘宝网数据显示,淘宝网经营类目现已发展为 60 项,可归纳为以下几大类:女士用品类,有 491247 家;男士用品类,有 109285 家;孕童用品类,有 120103 家;居家日用类,有 201265 家;家庭装修类,有 78347 家;食品类,有 84414 家;手机类,有 31221 家;电子数码类,有 65895 家;电脑类,有 53994 家;虚拟类,有 278908 家;流行饰品类,有 81509 家;成人用品类,有 10795 家;音乐、影视类,有 31490 家;运动类,有 112145 家;珠宝、首饰、古玩类,有

119605家;宠物、鲜花、演出旅游折扣券类,有29824家;办公用品类,有15637家。

(3)C2C与B2C融合日趋明显。为了避免假货泛滥和信用缺失,同时为了增加盈利,C2C平台服务商有意识地开辟了B2C(Business to Customer)市场。而B2C服务商为了市场空间和产品扩张,也开始提供平台服务,于是B2C和C2C的区分界限也越来越模糊。比如淘宝,在推出淘宝商城后,又连续推出了数码城、名鞋馆、网上超市等模块。当当和京东也在向开放性平台转型,开始提供平台服务。可以说,从本质上看淘宝、当当、京东商城都是B2B2C模式(Business to Business to Customer),即把现存的B2C和C2C模式结合起来形成的更加综合化的商业服务平台,可以提供更加优质的服务。

二、基于C2C模式的网店营销管理

网店营销是指以网店为基础、以网络为平台开展的营销活动,其目的是最终把产品销售给客户。网店营销不同于传统的实体店销售,它不是简单的营销网络化,而是与传统营销相互整合后形成的新的营销形式,但又没有完全抛开传统营销的理论。

一般而言,网店营销管理从商品选择与布局、视觉营销、网店推广和会员关系管理几个方面着手。

1. 商品选择与布局

(1)商品选择。要在网上开店,首先要有适合通过网络销售且货源稳定的商品。一般而言,体积小、附加值高、具有独特性和时尚性的物美价廉商品比较适合网上销售。据统计,目前淘宝网上热销商品主要有服饰、数码家电、化妆品、母婴用品、食品、文体用品、家居用品等。

(2)商品布局。商品布局是指选定适合网上销售的商品后,根据商品的特质、网店营销策略等因素综合考虑网店商品的整体布局。

2. 视觉营销

视觉营销是指通过提升视觉冲击力来增加店铺浏览量和访问深度,从而最大限度地促进产品与消费者之间的联系,最终实现将产品销售给客户。视觉营销概念产生于20世纪七八十年代,主要通过空间、平面、传媒、陈列、造型等视觉表达方式实现营销目的。在C2C网店中,视觉营销一般包括店铺界面与布局、单品描述与陈设以及商品包装等相关内容。

3. 网店推广

网店推广是网店营销的重要内容,一般而言,不同C2C平台以及同一C2C平台在不同时期可能还有不同的网店推广工具和策略。下面主要以淘宝网店推广为例详细讲述几种常用的网店推广工具(所涉具体规则会因淘宝网的修改而改变)。

(1)营销推广平台。基于淘宝的独特基因,以大数据洞察为核心,围绕客户品牌推广、消费者互动、电子商务三大核心需求,提供全景式电子商务营销解决方案,打造高效的闭合式营销链条。

①直通车。直通车是指淘宝网为卖家量身打造的精准营销产品,在最优位置展示产品,只给想买的人看。加入淘宝直通车,可以直接进行商品的精准推广,同时提供定向推广、店铺推广、明星店铺、站外投放、活动专区等形式的服务产品。直通车在给产品带来曝光量的同时,精准的搜索匹配也给产品带来精准的潜在买家。直通车推广的产品,曝光率大大提高,带来的客户都是有购买意向的买家。特别是一个产品带来的可能是几个产品的展示和成交,这种整体连锁反应是直通车推广的最大优势。

②钻石展位。钻石展位是指面向全网精准定向实时竞价的展示广告平台,以精准定向为核心,凭借淘宝海量的用户数据和多维度定向功能,为客户提供广告位购买、精准定向、创意策略、效果监测、数据分析等一站式全网广告投放解决方案,帮助客户实现更高效、更精准的全网数字营销。它具有范围广(覆盖全国80%的网上购物人群)、定向准(目标定向性强,可定向21类主流购物人群,直接生成订单)、实时竞价(投放计划随时调整,并实时生效参与竞价)等特点。

③淘宝客。淘宝客是一种按成交计费的推广模式,也指通过推广赚取收益的一类人。淘宝客只要从"淘宝客推广专区"获取商品代码,任何买家(包括淘宝客自己)经过淘宝客的推广(链接、个人网站、博客或者社区发的帖子)进入淘宝卖家店铺购买后,就可得到由卖家支付的佣金;简单说,淘宝客就是指帮助卖家推广商品并获取佣金的人。

淘宝客的推广主要分为两大类:第一类是拥有独立平台的专业淘宝客,这类淘宝客精通网站技术,通过搭建专业的平台(如淘宝客返利网站、独立博客、商品导购平台、用户分享网等)来吸引客户,赚取一定的佣金。第二类是自由淘宝客,这类淘宝客没有固定的推广方式,技术和实力都不是很雄厚,主要通过论坛、博客、SNS平台或者微博、邮件、Q群等推广方式,很适合大众新手。

(2)专项营销活动。

①"双11"。"双11"特指每年的11月11日开设的专项营销活动,它不仅仅是购物盛宴,也是众多品牌和商家回馈买家、展现服务与品质的盛大舞台。该活动要求全场包邮(港澳台及海外除外)、参加活动的商品销售价格必须小于等于某时间段内成交最低价的九折且活动后30天内其销售价格不得低于活动价格、活动当日向买家免费提供退货运费险等。

②"双12"。"双12"特指每年的12月12日开设的专项营销活动。其活动商品共有两种,一种是"双12年终盛典",另一种是"双12商家精选"。这两种商品

都有机会在"双12"当天在搜索等主流量通道进行优先展示,在展现上的区别是只有"双12年终盛典"才能出现在主分会场。参加"双12"活动的商品必须是橱窗推荐商品,而且要求商品当前一口价≤30天最低一口价、报价≤30天最低拍下价以及最近无因出售假冒商品而违规扣分等。

③天天特价。天天特价只针对淘宝集市店铺且符合平台活动要求的类目免费开放,该活动还要求卖家信用在三星～五钻、开店时间≥90天、加入"消费者保障服务"和七天无理由退换货、商品描述相符≥4.6、服务态度≥4.6、发货速度≥4.6以及实物商品交易≥90%等,参加活动的商家店铺自报名之日起悬挂天天特价Logo和Banner一个月,不悬挂视为自动放弃报名。

④淘宝反季。淘宝反季仅针对服装服饰、内衣配饰、鞋包、家居家纺、童装类目,要求清仓商品必须为反季商品、商品库存量≥50件、清仓价格≤淘宝原价一口价的3折且<历史最低价且清仓价格必须无区间价格,对于淘宝店铺来说,还要符合店铺信用等级为四钻及以上、DSR评分≥4.6、店铺内非虚拟交易占比≥90%、创店时间≥90天、近半年店铺有效评分数量≥300次以及店铺加入"消费者保障服务"和七天无理由退换货、无严重违规扣分且一般违规扣分不满12分等。

⑤手机专享价。手机专享价是一款支持卖家设置手机专享优惠、支持不同人群渠道专享优惠的营销工具,即支持卖家自定义发起商品或全店的商品"折上折"活动,在电脑端正常销售和折扣的情况下,买家通过手机客户端查看商品,下单可享受更优惠折扣。

4. 会员关系管理

会员关系管理是指通过差异化的服务来提高老客户的忠诚度,通过对会员的分析对客户进行精准营销的系统,旨在让卖家更高效地管理网店、及时把握商机。

(1)会员营销。会员营销是基于会员关系管理的营销方法,卖家通过分析会员消费信息,挖掘顾客的后续消费力,汲取终身消费价值,最终使客户的价值实现最大化。

(2)会员等级分析。会员等级分析的最主要目的是把握客户需求,根据不同的会员需求选择不同的营销方式,深刻分析、理解自身所面向的细分会员的特点,集中资源,努力满足用户的个性化需求,形成自己的特色,并不断取得更大的竞争优势。

①交易时间分析。通过各个时间段内的交易量数据的对比,清楚自己店铺的优势和劣势以及会员的需求情况,进而调整店铺的商品类型和促销方式。

②交易额分析。交易额分析是基于单个订单金额的统计,有利于跟踪不同会员到店铺消费水平情况,据此算出平均每位会员的消费金额,卖家可根据这些数据作出分析决策。

③交易量分析。交易量分析是指通过某时段交易量的统计分析,对不同类型、不同等级的会员进行针对性的营销举措,提高会员的黏性和营销效率。

第二节　B2C 电子商务

一、B2C 概述

1. B2C 概念

B2C 是企业对消费者的电子商务模式。这种模式的电子商务一般以网络零售业为主,主要借助于互联网开展在线销售活动,它是应用最广泛的电子商务模式之一。B2C 企业通过互联网为消费者提供一个新型的购物环境——网上商店。消费者通过网络在网上购物、在网上支付。这种模式节省了客户和企业的时间和空间,极大提高了交易效率。

2. B2C 模式

按照交易商品的类别又可以将 B2C 细分为以下 4 种主要模式。

(1)平台型 B2C。这种模式是指提供给买家、卖家交易的电子商务平台,其购物群体庞大,具备完备的支付体系和诚信安全体系,并提供较为完备的配套销售,如天猫商城。卖家可以通过这个平台销售各种商品,这种模式类似于现实生活中的购物商场。平台不直接参与售卖任何商品,只收取服务费。商户在平台上做生意,自负盈亏,与商城没有关系,但是商户要遵守平台的规定,不能违规,否则会受到处罚,这与我们现实生活中的购物商场类似。

总的来说,这种模式的优点在于收入稳定,市场灵活,平台不用花太多心思去管理各种产品的经营;而缺点在于盈利可能偏低,平台的战略变动可能会受平台内部商户的抵制,内部纠纷会比较多。不过这种模式更受商户们喜爱,因为他们可以在这个平台上获得利润。

(2)水平型 B2C。这种模式是指提供日常消费需求的丰富商品线的电子商务平台,其一般有自己的仓储配送,具备比较强大的网络推广能力,为客户提供优质的物流配送和客户服务,如 1 号店、易迅网等。此类平台需要具备强大的全球化集约采购优势、丰富的电子商务管理服务经验、先进的互联网技术、完备的物流体系和快速响应的售后服务为用户提供产品和服务。

(3)垂直型 B2C。这种模式是指在某一个行业或细分市场深化运营的电子商务模式,如凡客诚品、李宁官方商城、红豆商城。垂直电子商务网站旗下商品都是同一类型的产品,这类网站大多从事同种产品的业务,其提供的商品存在着更多的相似性,一般是专门提供某类甚至某品牌商品,满足于某类人群,或满足某种需要。这种模式的优势在于产品的整个产业链都可控,公司的目标利润可以从产品生产时制定,没有供货商的货源限制;缺点在于公司品类扩张困难。

(4)综合型 B2C。这种模式是指具有以上两种或三种类型的特点,既有某一品牌的优势,也有丰富商品线的特点,甚至还有开放平台的业态,如京东商城、苏宁易购、当当网等。这种模式的优点在于经营的产品多样,综合利润高。商城可以根据市场情况、企业战略对销售的产品作出整体调整。商城握有经营权,内部竞争小,对外高度统一;缺点在于内部机构庞大,市场反应较慢,竞争对手较多,产品种类扩充不灵活,容易与供货商发生矛盾。

二、B2C 发展

1. B2C 发展过程

自 1991 年起,我国先后在海关、外贸、交通航运部门开展了 EDI(电子数据交换)的应用,启动了金卡、金关、金税工程。1996 年,外贸部成立中国国际电子商务中心。1997 年,网上书店开始出现,网上购物及中国商品订货系统初现端倪。

1998 年 3 月 6 日下午 3:30,国内第一笔互联网上电子商务交易成功。中央电视台的王轲平先生通过中国银行网上银行服务,从世纪互联公司购买了 10 小时的上网机时。3 月 18 日,世纪互联和中国银行在京正式宣布了这条消息。事隔不久,满载价值 166 万元的 COMPAQ 电脑的货柜车,从西安的陕西华星公司运抵北京海星凯卓计算机公司,这是在中国商品交易中心的网络上生成的中国第一份电子商务合同。1998 年 7 月,中国商品交易与市场网站正式运行,北京、上海启动了电子商务工程。由此开始,互联网电子商务在中国从概念走入应用。

1999 年底,正值互联网高潮,国内诞生了 300 多家从事 B2C 的网络公司。2000 年,这些网络公司增加到了 700 家。但 2001 年,人们还有印象的网络公司只剩下三四家。随后网络购物经历了一个比较漫长的"寒冬时期"。

非典(SARS)开辟了中国网上购物的新纪元。面对非典的袭击,多数人被困在屋内,而要想不出门就买到自己所需的东西只能依赖网络,许多防范意识很强的人也试着网上购物。至此,越来越多的人认识到"网上订货、送货上门"的便利,越来越多的人也开始接受网上购物。以当当和卓越为代表的中国 B2C 的早期拓荒者,从图书这个低价格、标准化的商品作为网络购物的切入点,借助快递配送和货到付款的交易流程,开始逐步建立自己的市场,在度过互联网的寒冬之后获得了快速的成长。

随着经济的发展,网络购物逐渐重放异彩。2005 年,当当网实现全年销售额 4.4 亿,这个数字大大超过两三年前绝大部分投资机构的预期。这个数字证明了亚马逊(著名电子商务网站)模式在中国的成功,也证明了市场的力量。

除当当、卓越以图书切入市场的综合性网络商城模式外,淘宝网和易趣网随后兴起,并在交易额上后来居上,在短期内获得了很大的成功。

2006年,中国的网购市场开始进入第二阶段。受当当、卓越、淘宝等一批网站的影响,网民数量比2001年时增长了十几倍,很多人都有网上购物的体验,整个电子商务环境中的交易可信度、物流配送和支付等方面的瓶颈也正逐步被打破。仿佛一夜之间,原先影响中国网络购物发展的绊脚石都已不复存在。中国B2C的发展走向了快速发展的轨道。

根据不同时期B2C电子商务企业发展状况,可以将其发展概括为以下五个阶段:

(1)起步阶段。由于大多数消费者对网购不甚了解,网购的各种不确定性因素也很多,该阶段B2C企业的战略主要集中于市场推广、树立品牌形象。

(2)成长阶段。无论是B2C企业数量,还是销售额以及资金投入等方面都有较快的增长,加之迅速扩张的细分市场,使B2C企业之间的竞争趋于白热化。

(3)重组阶段。B2C企业进入资源与市场重组,主要表现为B2C企业的兼并、收购和退出。

(4)成熟阶段。B2C行业整体上表现为市场份额、增长速度趋于稳定,企业之间的竞争转向提升服务。

(5)定制阶段。新型的定制式购物模式迅速发展,同时虚拟购物与体验购物相结合,使消费者更加了解商品的特性,最终给消费者带来亲近式的体验和消费。

2. B2C发展现状

我国商务网站中以网上购物类数量最多。在B2C网站中不仅有商品种类齐全的综合类网上购物商城——京东商城、苏宁易购等,还出现了许多销售某类产品的网上专卖店,如卓越网、当当网、伊族网、玫瑰花坊、中关村在线等。目前,网上商店所销售的商品种类集中在计算机软硬件、图书、音像制品、家用电器、通讯器材、礼品、服装服饰等。

目前,我国的B2C电子商务市场发展迅速,各大企业间激烈竞争。B2C网站主要分为综合类商城和网上专卖店两类,综合类商城又可以分为门户网站开通的网上商城和单纯的零售电子商务网站,而网上专卖店又可以按照经营产品的不同分为多类,如网上书店、音像店、IT产品专卖店、手机专卖店等。

3. B2C发展趋势

近年来,从各B2C电子商务运营商,尤其是垂直型B2C电子商务运营商的在线销售成交额的增长以及风险投资对市场的关注度来看,B2C电子商务市场更确切地说是在线零售市场,都是迅速升温的。而随着B2C市场潜力释放、竞争者增多,市场竞争必然加剧。各大网站都推出了比传统零售市场更为苛刻的"无条件退换货"等消费者保障计划,以提高买家的购物信心,这也是独立的 B2C 网站运营商今后的一个发展趋势。

B2C 电子商务市场属于百花齐放的状态,市场没有公认的绝对领先者。综合型 B2C 凭借先发优势,已获得了相当的品牌认知度,加上用户体验优化等加强,获得了较快地增长。随着规模效应带来边际成本快速下降,盈利将很快实现。而与综合型 B2C 差距较大的垂直型 B2C 在资本等力量支持下获得了高速增长,与综合型 B2C 的差距逐步缩小。中小型垂直 B2C 的崛起,为整个 B2C 行业带来了新的活力和发展动力,为在市场上谋求更大的利润空间,新加入者必将积极拓展新的商业模式和业务领域,围绕不同环节展开的创新将带动 B2C 更快更好地发展。

随着互联网技术的日新月异,网民数量不断激增。庞大的上网人口提供了网络购物的发展基础,使网络成为仅次于传统实体渠道的最重要的销售渠道。而网络渠道是众多企业所看好的销售渠道,因为它不仅在宣传公司的产品,也提供了更便捷的渠道。随着网络消费观念的逐渐普及,消费者的购物行为从传统的实体商店延伸到新形态的网络商店,网络购物市场将会获得长足发展。

第三节　B2B 电子商务

一、B2B 概述

1. B2B 概念

B2B 是指基于互联网市场的一种活动,是企业与企业之间的营销关系。它将企业内部网通过 B2B 网站与客户紧密结合起来,通过网络的快速反应,为客户提供更好的服务,从而促进企业的业务发展。

2. B2B 平台分类

根据 B2B 平台的运营模式,一般可将 B2B 平台分为垂直 B2B 平台、综合 B2B 平台、企业自建 B2B 平台和专业 B2B 平台。垂直 B2B 平台如中国化工网、鲁文建筑服务网、网盛科技等;综合 B2B 平台如阿里巴巴网、环球资源网、慧聪网等;企业自建 B2B 平台如海尔电子商务平台等;专业 B2B 平台如敦煌网、阿里巴巴国际网、中环出口易、ECVV 外贸 B2B 平台、易达通、世贸通等。

(1)垂直 B2B 平台。垂直 B2B(Vertical B2B,Directindustry B2B)指面向某一行业如制造业、商业等的 B2B,又称为行业 B2B。目前,以中国化工网、鲁文建筑服务网、网盛科技为首的网站成为垂直 B2B 的代表网站,将垂直搜索的概念重新诠释,让更多用户习惯用搜索模式来做生意、找客户。垂直 B2B 的成本相对要低很多,因为垂直 B2B 面对的多是某一个行业内的从业者,所以,他们的客户相对比较集中而且有限。

(2)综合 B2B 平台。综合 B2B 指面向中间交易市场的 B2B。这种交易模式是水平 B2B,它将各个行业中相近的交易过程集中到一个场所,为企业的采购方和供应方提供一个交易的机会;这一类网站既不是拥有产品的企业,也不是经营商品的商家,它只提供一个平台,在网上将销售商和采购商汇集起来,采购商可以在其网上查到销售商和销售商品的有关信息,如阿里巴巴网、环球资源网、慧聪网等。

(3)企业自建 B2B 平台。企业自建 B2B 模式是大型行业龙头企业基于自身的信息化建设程度,搭建以自身产品供应链为核心的行业化电子商务平台。行业龙头企业通过自身的电子商务平台,串联起行业整条产业链,供应链上下游企业通过该平台实现资讯、沟通、交易。目前,众多企业都有自建的 B2B 平台,如海尔电子商务平台,它成功开创第一笔网上家电采购,建立了中国第一个 B2B 工业园——合肥海尔工业园。从 2000 年起,海尔集团的产品销售和原材料采购通过网上实现。

(4)专业 B2B 平台。提供某类专业服务的 B2B 平台,通常为第三方经营 B2B 平台。以外贸电子商务平台为例,外贸电子商务平台主要为企业与跨国企业之间通过互联网进行产品、服务及信息交换的电子商务活动提供服务,如敦煌网、阿里巴巴国际网、中环出口易、ECVV 外贸 B2B 平台、易达通、世贸通等。

二、B2B 发展

1. B2B 发展现状

B2B 平台自 2000 年左右开始起步,主要以提供交易前信息服务的"黄页模式"为主。早期的 B2B 平台主要盈利模式为向中小供应商企业收取会员费、广告费,以及竞价排名费、网络营销基础服务费等。大量 B2B 网站飞速发展并出现一批以阿里巴巴、慧聪、生意宝、中国钢铁网、中国化工网等规模庞大的综合类平台和垂直类行业网站。

我国 B2B 行业正经历着残酷的市场大洗牌,单纯依靠信息交易撮合的 B2B 网站会遭遇市场淘汰,而参与交易环节和提供增值服务的 B2B 网站将有可能获得进一步发展。从长期发展来看,B2B 还是有很大的发展空间,因此,寻求 B2B 模式创新是 B2B 行业转型发展的必经之路。

我国 B2B 行业面临的困境:

(1)客户成熟。沿海中小企业逐步成熟。对于网络营销推广有了更详细的认识后,很多中小企业开始逐步直接进行搜索引擎营销。

(2)强势替代产品。搜索引擎(百度、360)成为 B2B 门户网站的替代投放阵地。

(3)巨头竞争压力大。阿里巴巴、马可波罗、慧聪等持续优化。同时,大量免费刊登、发布信息的中小型 B2B 平台也形成恶意竞争。

(4)网站服务销售成本高。传统的网站服务销售模式是组建营销团队向企业登门拜访,销售成本较高。

(5)网站核心价值低下。大量的 B2B 平台还停留在供求信息的发布与搜索上。甚至有的平台还会出现大量免费的、抓取的、软件自动群发的及过时的信息,对网站信息价值产生冲击。

(6)交易模式不成熟。在国内,工业采购偏向关系营销,还没有像 B2C 那样形成销售促进。通过 B2B 平台,预先在线上比较,能够节省部分差旅费用,然而大量的销售达成仍然需要面谈、考察,甚至集体评估。

2. B2B 发展趋势

我国 B2B 电子商务市场已经进入竞争激烈阶段,多样化发展的趋势明显。在现有的平台下,企业将不断开发新产品和服务,尽力改善单一化的盈利模式,拓展新的业务形态。企业需要的不再是简单的采购、供应信息,而是完成交易。达成交易就必须完成报关、报检、物流和金融等服务,企业需要资金担保、诚信保障、效率对接、交易达成、商机撮合等全方位的服务。

(1)专业分工和行业细分的大趋势。整个社会的大趋势就是专业细分,即专业的人做专业的事。

(2)潜在客户群扩大。国家大力开发中西部地区,促进城市化进程,大量人员创业。新一代创业者不仅人数众多,而且具备成熟的网络营销理念,教育客户的成本会越来越低。

(3)效果营销的需求与创意空间。中小企业热衷于效果营销,各类效果产品营销创意的空间很大。

(4)细分垂直领域的机会。细分行业领域依然有很多挖掘空间,大而全的 B2B 不能满足专业企业的需求。

(5)网络新媒体层出不穷,需要整合营销机构。SNS、SEM、CPS、微博等效果营销工具需要专业团队实施。

(6)促成交易的产品和服务形式创新机会。在工业领域,促成交易和购买决策的工具以及接入企业内部的采购、分销系统等服务有很大空间。

(7)无线互联平台的兴起。无线互联平台的兴起给 B2B 采购人员提供更多接触网络的机会,可以在生产现场实现快速检索。移动通信的应用融入到 B2B 交易活动中,提升了客户体验。

三、B2B模式具体应用

1. X工程局通过阿里B2B平台实施网络竞价采购

阿里巴巴B2B公司是阿里巴巴集团的旗舰子公司,是全球领先的B2B电子商务公司。公司的电子商务业务主要集中于B2B的信息流,是电子商务信息服务的平台提供商。阿里巴巴平台自1999年9月起就开始做B2B供应商会员的积累,经过13年的发展历程,到2013年已经是全国最大的综合性采购与批发平台。超千万的供应商企业、超百万级的优质认证供应商企业与百亿级的大型采购商客户通过互联网平台连接在一起,使供需双方更便利、更高效、更匹配。2013年5月,自首家央企入驻采购以来,阿里巴巴大企业采购平台便开始筹建,专注为企业采购提供解决方案。阿里巴巴大企业采购平台为此作了企业采购全链路的布局,为企业提供定制化、数据可视化的采购供应链解决方案。

2013年9月,X工程局与阿里巴巴签署了网上采购合作协议书,将阿里巴巴作为工程常用物资网络竞价采购的电商平台,阿里巴巴按照B2B的模式为其开辟询价专区。将该局在阿里巴巴网站发布的相关采购信息予以推广,通过在阿里巴巴电商平台开辟采购专区,建立包含在线发布物资需求信息、在线生成订单、在线支付等功能的电子商务系统,以促进该局顺利完成采购项目。

图2-1　X工程局网络集中采购平台

2. 实施效果

(1)有效降低项目物资采购成本。

X工程局常用物资网络竞价采购采用"互联网+采购"模式,本着公平、透明的原则,实现采购优化,最大限度地降低了采购成本。采购行为标准化、流程化、数据化、公开化,提高了采购效率。据统计,该局网络采购价格比线下传统采购价格平均低10%至15%,最高可达25%,大幅降低了采购成本;电子商务较传统招标采购节省了30%~60%的采购时间,采购决策流程公开透明、接受监督,采绩效可测量。

采购过程全程信息化、透明化,避免暗箱操作及操作失误造成资源浪费。通过互联网采购,每一个环节都在网络上清晰可见,节点可控,从而杜绝了人为控制造成腐败的现象,供应商的配送节点、信息传递、纠纷处理均在网络公开、可调阅,使成本控制得到有效实施。

(2)有效实现物资采购工作在线监督。

①集中结算、监管高效。该局实行二三项材料网络竞价采购的目标就是利用阿里巴巴的电商平台进行公开询价,广泛引进优势资源厂商,获取优质资源,建立良好的供货关系,实行阳光采购,规避不规范采购行为的发生,同时尽最大可能地降低采购成本、缩短采购时间,更好地保证工地物资供应。

该局电子商务集中采购的关键点在于集中结算与管理,使之能够实现有效的运行和监管。通过实行集中结算,摒弃靠欠债采购实则增加成本的传统采购模式。为了不违背独立核算、自负盈亏的项目核算原则,该局网络竞价采购管理中心只进行网络竞价采购的集中结算和管理。对品种繁杂、数量偏小的二三项材料实行管理权上收、采购权下放的原则,各子(分)公司、各项目进行分散挂网询价、审核下单。由于网络竞价采购实行了集中结算与管理,在集中结算的同时加强了审核、督办的环节,集中统计、对比分析功能得到凸显。

②规范采购行为。该局要求网络平台通过技术手段进行密封报价、公开招标,网络竞价采购已经能够本着公平公正、公开透明的原则执行,减少了中间环节,真正实现了物资"阳光采购"。但是仍需强化网络竞价采购制度建设,细化网络竞价采购中买卖双方的责权利,明确交易规则,遵循网络竞价采购的客观规律,加强审批与监管制度建设。为此该局针对网络竞价采购的不规范行为,结合网络平台建设出台了七项规定,这七项规定与平台建设和各层级的监管紧密结合,无缝对接地对平台交易进行了查漏补缺,为网络竞价采购做大、做强夯实了基础。

③监管成效凸显。该局网络竞价采购管理中心通过资源丰富的阿里巴巴平台发布信息,广纳优质市场资源,信息来源渠道实现了多元化。为吸纳更多的优质供应商资源,对于采购量大且品种集中、交易信誉良好的供应商,建立《网络竞价采购合格供应商名单》,并使其成为网络平台中认证供应商或合格供应商,成为该局网络竞价采购的合格供应商,这些供应商将在网络平台获得减免报价费用和在全局共享的优先条件。当然,违约的供应商将被拉入黑名单,不合格供应商将被限制或禁止在该局采购专区内报价,被多次、多单位拉黑的供应商在阿里巴巴平台的交易也将被限制,有效约束了供应商恶意报价、供货质量不合格等不诚信行为的发生,加强了对供应商的有效监管。

(3)极大提高企业的市场竞争力。

①网络采购额突飞猛进。该局电子商务采购自2013年9月开始实施,从最初年采购额不足1亿元,到2017年年采购额达26.15亿元,开累已结算金额49.12亿元,开累采购订单数127745个,明细笔数469289笔,询价次数970575次,采购量呈近乎直线上升趋势。网络采购品种涉及18大类别共20000多个品种,基本实现了局内项目全覆盖,如图2-2所示。

②供应商资源得到扩张。电商集中采购能够更加便捷地获取供应商及产品的信息,企业可以跳出地域、行业的限制,在更大的范围内找到适合的供应商;同时,能够进一步丰富企业的供应商资源和信息,更加清晰、准确地了解和掌握需采购物资的市场情况和相关供应商的情况,实现公开采购,实现供应商间更充分的竞争,实现低成本采购。目前,X工程局二三项材料采购成交并纳入合格供应商目录的有1500多家。

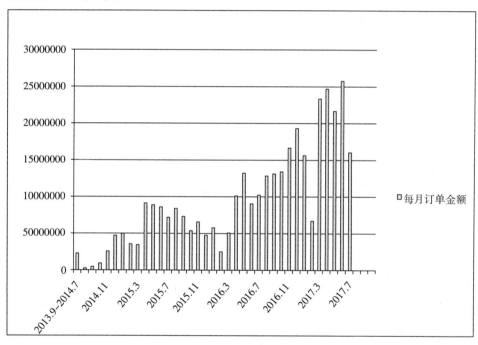

图2-2　X工程局网络集中采购每月订单金额

第四节　O2O电子商务

一、O2O概述

1. O2O概念

O2O即将线下商务的机会与互联网结合在一起,让互联网成为线下交易的前台。简单说,O2O模式就是让用户在线支付购买线下的商品和服务后,到线下去享受服务。因此,O2O模式特别适合必须到店消费的商品和本地生活服务,如餐饮、健身、电影和演出、美容美发、摄影等。

2. O2O 特征

(1)O2O应立足于实体店本身,线上线下并重,线上线下应该是一个有机融合的整体,即信息互通资源共享、线上线下立体互动,而不是单纯的"从线上到线下",也不是简单的"从线下到线上"。

(2)O2O模式的核心是在线支付。一旦没有在线支付功能,O2O模式中的线上仅仅是一个简单的信息发布。在线支付不仅是完成支付本身,也是某次消费得以最终形成的唯一标志,更是消费数据唯一可靠的考核标准。尤其是对提供线上服务的互联网公司而言,只有用户在线上完成支付,自身才可能从中获得效益,从而把准确的消费需求信息传递给线下的商业伙伴。

(3)真正的O2O模式,必须是闭环的O2O。所谓闭环,是指两个O之间要实现对接和循环。首先,线上的营销、宣传、推广要将客流引到线下去消费体验,实现交易。但是这只是一次O2O模式的交易,还没有做到闭环。要做到闭环,必须从线下再返回线上,线下的用户消费后,回到线上开展消费体验反馈、线上交流等,即从线上到线下,然后再回到线上。在生活服务领域中,用户的行为不像电商一样都在线上,其行为分裂为线上线下两部分。从平台的角度来看,若不能对用户的全部行为进行记录,或者缺失了一部分,则平台对商家就失去了掌控,也失去了与商家的议价权,同时平台对商家的价值就变小了。因此,闭环是O2O平台的一个基本属性,是O2O平台和普通信息平台很重要的区别。

(4)O2O的商家都具有线下实体店。O2O模式通常通过O2O平台开展业务,最主要的表现形式是团购网站,但O2O和团购不能对等,因为商品团购中有些商家没有实体店,而O2O的商家都具有线下实体店。

3. O2O 优势

O2O的优势在于线上和线下完美结合。通过网络营销推广,把线上需求与线下商业伙伴完美对接,实现互联网落地。让消费者在享受线上优惠价格的同时,享受线下贴心的服务。同时,O2O还可实现不同商家的联盟。

O2O充分利用了互联网跨地域、无边界、海量信息、海量用户的优势,同时充分挖掘线下资源,促成线上用户与线下商品和服务的交易。

O2O可以对商家的营销效果进行直观的统计和追踪评估,规避了传统营销模式的推广效果不可预测性。O2O将线上订单和线下消费结合,使所有的消费行为均可以准确地被统计,进而吸引更多的商家,为消费者提供更多优质的产品和服务。

O2O在服务业中具有价格便宜、购买方便且折扣信息等能及时获知等优势。O2O平台可带来大规模高黏度的消费者,进而争取到更多的商家资源。

二、O2O实施

1. O2O线上和线下的对接方式

O2O开展的关键是线上与线下对接,即线上订购的商品或者服务,到线下领取,这是O2O实现的一个核心问题。现阶段主要通过三种方式实现对接:包含验证码的短信和彩信;O2O平台的独立APP;二维码验证。

2. O2O模式的开展方式

对于传统企业来说,开展O2O模式的电子商务主要有以下三种方式:

(1)自建官方商城+连锁店铺的形式。消费者直接通过门店的网络店铺下单购买,然后线下体验服务,这一过程中,品牌商提供在线客服,及时调货支持(在缺货情况下),加盟商收款发货。这种形式适合全国连锁型企业。其优点是线上和线下店铺一一对应;缺点是投入大,推广需要很大力度。

(2)借助全国布局的第三方平台,实现加盟企业和分站系统的完美结合,并且借助第三方平台的巨大流量,迅速推广产品并带来客户。

建设网上商城,开展各种促销和预付款的形式,线上销售,线下服务。这种形式适合本地化服务企业。

三、O2O与移动商务的结合

移动商务经过了短信、WAP和现在市场主流的基于SOA架构的各种通信技术相结合的三个发展阶段,其安全性与信息交互能力大为提升。随着智能手机、平板电脑等移动终端的普及,以及在日臻完善的移动通信技术拉动下,移动商务即将真正从概念成为现实。

与B2C、C2C、B2B等传统电子商务模式相比,O2O的时效性更强,地域性更准,这就为移动商务的应用提供了条件。因为,移动端在地域定位上具有传统PC不可比拟的优势,且具有高效率和及时性的特点,这些都是O2O模式最关键的需求。

餐饮、汽车租赁、酒店住宿及旅游都是O2O模式能够大力发展的领域。在这些领域中,携程、神州租车、大众点评网、58同城、同程网等大型企业通过APP来维护原有的线下和线上客户,并发展了一批新的移动商务用户。而一些传统企业也在积极寻求与网络平台的合作,通过手机客户端来获得更多的商机。

四、O2O模式的具体应用——携程网

携程网(Ctrip)——携程旅行网,创立于1999年。作为中国领先的在线旅行

服务公司,携程网成功整合了高科技产业与传统旅行业,运用了O2O运营模式,向超过4000万会员提供集酒店预订、机票预订、度假预订、商旅管理、特约商户及旅游资讯在内的全方位旅行服务,被誉为"互联网和传统旅游无缝结合的典范"。携程网的收入大多来源于各种中介业务的费用收取,通过收取服务费用来实现盈利。携程网在发展过程中体现出了以下特点:

1. 规模经营

服务规模化和资源规模化是携程旅行网的核心优势之一。携程网拥有亚洲旅行业首屈一指的呼叫中心,并同全球134个国家和地区的28000余家酒店建立了长期稳定的合作关系,其机票预订网络已覆盖国际、国内绝大多数航线,送票网络覆盖国内54个主要城市。规模化的运营不仅可以为会员提供更多优质的旅行选择,还保障了服务的标准化,进而确保服务质量,并降低运营成本。

2. 技术领先

携程网建立了一整套现代化服务系统,包括客户管理系统、房量管理系统、呼叫排队系统、订单处理系统、E-booking机票预订系统、服务质量监控系统等。依靠这些先进的服务和管理系统,携程网为会员提供更加便捷和高效的服务。目前,携程网已在手机平台上推出了"携程旅行"APP,通过手机应用程序,客户可以更快捷方便地查询飞机票、火车票、租车业务、酒店信息、旅行路线及攻略、景点介绍和门票等相关信息,从查询到下单付款最快仅需2分钟。

3. 体系规范

携程网将服务过程分割成多个环节,以细化的指标控制不同环节,并建立一套测评体系。同时,携程还将制造业的质量管理方法——六西格玛体系成功运用于旅行业。目前,携程网的各项服务指标均已接近国际领先水平,服务质量和客户满意度也随之大幅提升。

4. 理念先进

(1)经营理念。秉持"以客户为中心"的原则,以团队间紧密无缝的合作机制,以一丝不苟的敬业精神、真实诚信的合作理念,创造"多赢"伙伴式合作体系,从而共同创造最大价值。

(2)服务理念。

①Convenient:便捷(不让客户做重复的事)。

②Thorough:周全(为客户做一切我们可能做到的事)。

③Reliable:可靠(不让客户担心)。

④Intimate:亲切(让客户听到我们的微笑)。

⑤Professional:专业(让客户感觉我们个个是专家)。

⑥Sincere:真诚(全心全意地为客户着想)。

携程网是将有资质的酒店、机票代理机构、旅行社提供的旅游服务信息汇集于互联网平台上,供用户查阅的互联网信息服务提供商,同时帮助用户通过互联网与上述酒店、机票代理机构、旅行社联系,预订相关旅游服务项目。携程网将传统的旅游业与电子商务平台结合在一起并进行了其他方面的拓展,以 O2O 的运营模式为用户提供服务,这样的方式可以说是开创了电子商务发展的新模式。

第五节　C2B 电子商务

一、C2B 概述

1. C2B 概念

C2B 即消费者对企业电子商务模式。C2B 的本质是先有消费者需求,后有企业生产,即先有消费者提出需求,然后由生产企业按需求组织生产。通常情况为消费者根据自身需求定制产品和价格,或主动参与产品设计、生产和定价,产品、价格等彰显消费者的个性化需求,生产企业进行定制化生产。

C2B 模式是一种逆向商业模式,它有两个重要的核心,一个是个性化定制,一个是集体议价。

C2B 模式通常通过 C2B 电子商务网站实现,C2B 电子商务网的开发潜力大,能帮助消费者快速购买到自己称心的商品,主要表现在以下几个方面:

(1)省时。消费者不必为了买一件商品而东奔西跑地浪费时间,只需在 C2B 网站上发布一个需求信息,就会有很多商家来竞标。

(2)省力。消费者不用到店里跟商家砍价,只要在 C2B 网站上发布需求时报一个自己能够承受的价钱,就会有商家来竞标。

(3)省钱。C2B 模式的网站会帮助消费者找很多有实力的商家来竞价钱、比效劳,买家可以从中选择性价比高的商家来交易。

当前,多数 C2B 电子商务网站是以网络团购网站的形式出现的。

2. C2B 特点

(1)个性化定制。
(2)数据处理能力强。
(3)服务专业规范。
(4)具备全产业链。

3. C2B 分类

由于 C2B 的核心是个性化定制和集体议价,可以从这两个纬度将 C2B 进行分类。

(1)按定制主体和定制内容分类,C2B 可分为五类:群体定制价格、个体定制价格、群体定制产品、个体定制产品和混合型。

(2)按集体议价的发起模式分类,C2B可分为四类:要约模式、聚合需求模式、服务认领模式、商家认购模式。

二、C2B发展

1. C2B产生的原因

阿里巴巴集团主席马云曾说过,"C2B一定会成为产业升级的未来,以消费者为导向,柔性化生产、定制化生产将会取而代之,网货将制造业的利润提高,将渠道打掉,网货会让所有的消费者得到个性化的产品"。2013年10月31日,国务院总理李克强在中南海主持召开的经济形势座谈会上再次肯定了阿里巴巴和马云,马云也为李克强总理描绘了一幅新经济发展的美好前景——"沃尔玛创造了B2C模式,我们希望在中国创建一个新的C2B模式,即按需定制,这是制造业转型提升的重要平台。"

C2B的出现主要是因为人类社会正历经以下大转变:

能够通往大众的双向交流的人际网络使这种类型的商业关系成为可能,传统媒体只能建立单向的互动关系,而互联网则是一种双向交流的媒介。

取得技术的代价下降,现在个人已经能够接触过去只有大型公司才能取得的技术。

此外,C2B模式内涵的延伸也决定了其发展前途。如果只是单纯地通过大群体的影响力争取到合适的价格,那么它也就只能成为B2C或C2C模式的一种补充,或者是一种新的营销手段。内涵的扩展使C2B能够作为一种单独的模式独立发展;而其新颖的模式内容以及消费者有权决定其所购买产品的内容等方面的创新性,使其在个性化定制方面具有不可限量的发展前途。

2. C2B与B2C、C2C的区别

B2C模式是企业对个人的电子商务模式,其发起方是企业,并以产品和价格为驱动。在这种模式中,消费者只能被动地接受企业提供的产品和服务,因为去除了中间环节,消费者获得服务和产品所付出的代价比其他渠道要小。

C2C模式是个人对个人的电子商务模式,其交易双方都是个人,从个人在网上进行二手商品买卖演变过来,同样以产品和价格为驱动,消费者只能被动地接受产品和服务。但因为产品提供方是个人,所以,它不能像企业一样提供完整的售后等后续服务。

C2B模式是个人对企业的电子商务模式,其发起方是个人,以消费需求为驱动。在这种模式中,消费者主动提出需求,企业来呼应需求,提供个性化定制,并且由于众多需求常常被集合在一起提交给企业,在降低企业经营成本的同时,也

提高了消费者的议价能力,让消费者能够以更优惠的价格获得产品和服务。

3. C2B 模式与移动商务的结合

(1)团购网站的移动 APP。国内大型团购网站包括聚划算、拉手、美团、糯米团等,多数开通了移动业务,即通过 IOS 或 Android 系统下的 APP 应用程序,用户可以在手机上浏览团购网站和商品、比较、下单、付款和消费验证,并在消费后进行点评。

(2)以阿里巴巴集团无线业务"ALL IN"为代表的移动 C2B 平台。微淘是手机淘宝的公众账号平台,由于依靠手机淘宝 4 亿用户和淘宝、天猫体系下数百万商家,也被外界称作"商业版微信"。微淘是电子商务在移动商务时代的革命,通过微淘公共账号,卖家就有可能绕开淘宝流量入口而直达消费者,消费者也可以和他喜爱品牌保持紧密联系。

三、C2B 模式的具体应用

1. C2B 个性化定制模式的应用——新居网

新居网是中国定制家具领导品牌——尚品宅配的官方网络商城,它以全新的 C2B 结合 O2O 模式引领家居电子商务行业发展,是全国领先的家居电子商务平台,业务覆盖了全国各个地区。新居网通过网络设计平台,应用业内时下最前沿的三维虚拟现实技术以及免费上门量房、免费方案设计服务,为消费者提供个性化定制服务。除此之外,新居网拥有一个由全国 600 多个线下店面构筑的地面服务系统,占地 11 万平方米、超过 20 亿元产能的现代化定制家具生产基地,为消费者的线上线下购买体验以及售后服务提供了省心、放心的保障。新居网整合产业链资源,创建网络直销和"大规模数码化定制"相结合的崭新商业模式。

2. C2B 集体议价模式的应用——拉手网、聚划算

(1)拉手团购网。拉手网(lashou.com)是中国领先的本地生活服务平台,于 2010 年 3 月 18 日正式上线,是全球首家 Groupon 与 Foursquare(团购+签到)结合的团购网站,通过线上营销整合线下消费的模式,为商家提供精准营销的解决方案,为用户提供优惠优质的消费体验。拉手网一直坚持模式创新,从网站上线时起,就确立了 Groupon+Foursquare 的混搭模式,并在全球首创"一日多团"模式,首家开通垂直酒店频道、化妆品频道、团房频道,本地生活服务+实物性产品团购的营运模式也奠定了最佳的团购盈利模式。在 2012 年 3 月 15 日之前,拉手网陆续开通国内 11 个重点一线城市 12315 绿色通道,以此确保了优质的售后服务水平。拉手网率先提出的"团购三包"服务标准,开创了团购行业先河,为团购行业树立了标杆。拉手网"一日多团""产品+服务"的团购模式,开创了全球范围内的创新,在很大程度上推动了整个行业的健康发展。

(2)淘宝聚划算。聚划算也是团购的一种形式,由淘宝网开发平台,并由淘宝网组织的一种线上团购活动形式。聚划算以"品质团购每一天!"为服务口号,采用了定位精准、以小搏大、以C2B驱动的营销平台、以商品团和本地化服务为服务核心,同时还陆续推出了品牌团、聚名品、聚设计、聚新品等新业务频道。

与其他团购网站相比,聚划算不仅有淘宝网庞大的购物群体,还有淘宝网平台的商家支持,再结合模式上的不断创新,聚划算的团购业务始终走在行业前列。聚划算创新模式主要体现在以下几个方面:

①本地化团购模式。不少买家认为发货量大的团购产品往往要等,而聚划算本地团推出的"当日达"团购,以商超类产品为主,不仅价格便宜,而且还在当天送货上门,受到用户的普遍欢迎。"当日达"既打破了传统的快递配送模式,又很好满足了商超类产品消费的随到随得、新鲜、价廉等特点。

②线下团购。2011年2月,聚划算将重心调整为线下区域化的团购,正式加入"千团大战",和拉手网、美团网、满座网、高朋网等公司直接竞争。淘宝计划搭建一个区域化的团购运营平台,和其他团购网站一样,也包括很多地方分站。

③聚定制创新。从2013年开始,聚划算启动和推出大规模定制产品平台——聚定制,让买家自己选择要团购的商品样式。在家电、家居、旅游、电信等行业,将买家的"创意"汇聚起来,最后成型的"定制款"会越来越多。

第三章 现代物流的基本活动

物流系统需求决定了物流系统基本功能设置,随着世界经济的高速发展,现代物流系统越来越复杂,但是物流系统的基本功能还是比较固定的,一般来说,现代物流系统的基本功能包括运输、仓储、包装、装卸搬运、流通加工、配送以及相关的物流信息管理。

第一节 仓储管理

仓储是物流体系中唯一的静态环节,如果物流过程中没有仓储,就不能解决生产集中性与消费分散性的矛盾,也不能解决生产季节性与消费常年性的矛盾。换言之,如果在物流中没有仓储,生产就会停止,流通就会中断。传统意义上,仓储是充当原材料和产成品的长期库存的战略角色,而随着物流供应链理论的不断发展,仓储在缩短物流周转周期、降低存货、降低成本和改善客户服务方面的作用越来越大,仓储的内涵得到不断延伸,具有战略地位。

一、仓储的概念与作用

1. 仓储的概念

仓储是基于社会产品出现剩余和产品流通的需要而产生的,仓储最基本的定义就是对货物的存储。仓储活动发生在仓库等特定的场所,仓储的对象可以是一切生产、生活资料,但必须是实物动产,仓储管理就是对仓储货物进行保护和管理。从宏观上看,仓储是社会发展中一项必要的功能,它为原材料、工业货物和产成品产生时间效用。

仓储管理是现代物流管理的重要内容,是提供物品存放场所、物品的存取和对存放物品的保养、控制监督与核算等服务的系统。现代仓储与传统仓储之间的区别在于:传统仓储管理主要是对物品的管理,体现出静态的特性;而现代仓储管理更注重满足客户需求、高动态响应和低成本等的管理。

2. 仓储的作用

仓储的主要作用如下:

(1)产生时间效用。仓储克服了生产和消费在时间上的间隔,产生时间效用。为了均衡地消费集中生产的物资或为了集中地消费均衡生产的物资,调整生产和消费之间的时间差,需要用仓库进行仓储。

(2)克服供求矛盾。仓储能克服生产淡旺季和消费之间的供求矛盾,如果集中生产的产品立刻进入市场进行销售,必然造成市场短期内的产品供给远远大于需求,使产品价格大幅降低,甚至导致产品因无法消费而被废弃;相反,在非供应季节,市场上的相应产品则因供不应求而价高。通过产品仓储,均衡地向市场供给,就能稳定市场,有利于生产的持续进行。

(3)提供其他服务项目。通过进行备货、分拣、再包装等流通加工作业,以及用户进行的库存控制等物流服务业务,现代仓储为物流管理提供了更多的服务项目。

二、仓储的种类

虽然仓储的本质都是物品的储藏和保管,但由于经营主体不同、仓储对象不同、经营方式不同、仓储功能不同,因而不同的仓储活动有着不同的特点。

1. 按仓储经营主体划分

(1)企业自营仓储。企业自营仓储分为生产企业自营仓储和流通企业自营仓储。生产企业自营仓储是指生产企业使用自有的仓库对原材料、中间产品及最终产品实施储存保管的行为,其储存物品种类较为单一,主要是为了满足生产的需要。流通企业自营仓储则是流通企业以其拥有的仓储设施对其经营的商品进行仓储保管的行为,仓储对象种类较多,其目的是支持销售。企业自营仓储行为不具有独立性,仅仅是为企业的产品生产或商品经营活动服务,相对来说规模小,数量多,专用性强,而仓储专业化程度低,设施简单。

(2)商业营业仓储。商业营业仓储是指仓储经营者以其拥有的仓储设施,向社会提供商业性仓储服务的仓储行为。仓储经营者与存货人通过订立仓储合同的方式建立仓储关系,并且依据合同约定提供服务和收取仓储费。商业营业仓储的目的是在仓储活动中盈利,实现经营利润最大化,包括提供货物仓储服务和提供仓储场地服务。

(3)公共仓储。公共仓储一般指为车站、码头等公用事业提供仓储配套服务。其运作的主要目的是保证车站、码头的货物作业,具有内部服务的性质,处于从属地位。

(4)战略储备仓储。战略储备仓储是基于国防安全、社会稳定的需要而建立的,是对国家战略物资进行战略储备而形成的仓储。战略储备由国家政府控制,通过立法、行政命令的方式进行。战略储备仓储特别重视储备品的安全性,且储备时间较长。战略储备物资主要有粮食、油料、能源、有色金属、淡水等。

2. 按仓储对象划分

(1)普通物品仓储。普通物品仓储是指非特殊条件下的物品仓储。一般的生产生活资料、普通工具等杂货类物品,不需要特别设置相应的保管条件,采取无特殊装备的通用仓库或货场存放货物。

(2)特殊物品仓储。特殊物品仓储是指在保管时需要特殊条件才能满足储存要求的物品仓储,如危险物品、冷冻品、粮食的仓储等。特殊物品仓储一般为专用仓储,按照物品的物理、化学特性及法规规定进行仓库建设和实施管理。

3. 按仓储功能划分

(1)储存仓储。储存仓储为物资较长时期存放的仓储。由于物资存放时间长,存储费用低,储存仓储的场所一般设在较为偏远的地区。储存仓储的物资较为单一,品种少,但存量较大。储存仓储要特别注重对物资的质量保管,以满足物资的长期存放。

(2)物流中心仓储。物流中心仓储是为了实现有效的物流管理而进行的仓储活动,是对物流的过程、数量、方向进行控制的环节,是实现物流时间价值的环节。一般在一定地区的经济中心、交通较为便利、储存成本较低处进行。物流中心仓储品种较少,通常以大批量进库,以一定批量分批出库,整体上吞吐能力较强。

(3)配送仓储。配送仓储也称为配送中心仓储,是商品即将交付消费者之前所进行的短期仓储,是商品在完成销售过程或使用前的最后储存,并在该环节进行销售或使用的前期处理。配送仓储一般在商品的消费经济区内进行,能迅速地送达消费者手中。配送仓储物品品种多,批量少,需要一定批量进库、分批少量出库,往往需要进行拆包、分拣、组配等作业,主要目的是支持销售,注重对物品存量的控制。

(4)运输转换仓储。运输转换仓储是指在不同运输方式之间对物品进行过渡储存的短期仓储。在不同运输方式的相接处进行(如港口、车站库场),是为了保证不同运输方式的高效衔接,减少运输工具的装卸和停留时间。运输转换仓储具有小进大出的特性,货物存期短,注重货物的周转作业效率和周转率。

4. 按仓储物的处理方式划分

(1)保管式仓储。保管式仓储是指保管物按原样的方式进行的仓储。保管式仓储也称为纯仓储,存货人将特定的物品交由保管人保管,到期时保管人将原物交还存货人。保管物除了所发生的自然损耗和自然减量外,数量、质量、件数不发生变化。保管式仓储又分为仓储物独立保管仓储和将同类仓储物混合在一起的混藏式仓储。

(2)加工式仓储。加工式仓储是指保管人在物品在库期间根据存货人的要求对物品进行一定加工的仓储。保管物在保管期间,保管人根据委托人的要求对保管物的外观、成分构成、尺度等进行加工,使保管物发生委托人所希望的改变。

(3)消费式仓储。保管人在接受保管物的同时获得该物品的所有权,保管人在仓储期间有权对仓储物行使所有权,仓储期满,保管人将相同种类、品种和数量的替代物交还给委托人所进行的仓储。消费式仓储特别适合于保管期较短,如农产品、市场供应(价格)变化较大的商品的长期存放,具有一定的商品保值和增值功能,是仓储经营人利用仓储物开展经营的增值活动。消费式仓储已成为仓储经营的重要发展方向。

三、仓储管理

仓储管理就是对仓库及库内的物资进行的管理,是仓储机构充分利用仓储资源,进行计划、组织、控制和协调等工作,从而提供高效的仓储服务。具体来说,仓储管理包括仓储资源的获得、经营决策、商务管理、作业管理、仓储保管、安全管理、人事劳动管理、经济管理等一系列管理工作。

1. 仓储管理的基本原则

(1)经济效益原则。仓储业作为参与市场竞争的活动主体之一,其生产经营活动应以经济效益最大化为目标,但同时也应兼顾其应承担的社会责任,履行环保等社会义务,实现生产经营的社会效益。

(2)效率原则。仓储效率表现在仓容利用率、货物周转率、货物进出库时间、货物装卸时间等指标上。仓储的效率原则就是指以最少的劳动量投入,获得最大的产出。劳动量包括仓储设施、劳动力等方面。高效率要通过准确地核算、科学组织、合理的场所、空间的优化、机械设备的合理使用及各部门人员的合作来实现。仓储作业现场的组织、规章制度的制定与执行、完善的约束机制是实现高效率的保证。

(3)服务原则。仓储就是向其客户提供服务,仓储管理需要围绕服务定位,其具体工作应围绕如何提供服务、改善服务、提高服务质量展开。仓储的服务水平与仓储经营成本存在一定程度的对立关系,服务好,成本往往高,收费也随之增高。仓储管理就是在降低成本和提高服务水平两者之间保持平衡。

2. 仓储管理的内容

仓储管理是指服务于一切库存物资的经济技术方法与活动。"仓储管理"的定义指明了其管理的对象是"一切库存物资",管理的手段既有经济的又有纯技术的,具体包括以下几个方面。

(1)仓库的选址与建筑问题。如仓库的选址原则、仓库面积的确定、库内运输道路与作业的布置等。

(2)仓库机械作业的选择与配置问题。如何根据仓库作业特点和所储存物资的种类以及其理化特性,选择机械装备以及应配备的数量;如何对这些机械进行管理等。

(3)仓库的业务管理问题。如何组织物资入库前的验收,如何存放入库物资,如何对在库物资进行保管保养、发放出库等。

(4)仓库的库存管理问题。如何根据企业生产需求状况,储存合理数量的物资,既不会因为储存过少引起生产中断而造成损失,又不会因储存过多而占用过多的流动资金等。

此外,仓库作业考核问题,新技术、新方法在仓库管理中的运用问题,仓库安全与消防问题等,都是仓储管理所涉及的内容。

3. 仓储管理的任务

(1)以实现仓储经营的最终目标为原则组织管理机构。仓储管理机构根据不同性质可分为独立仓储企业的管理组织和附属仓储机构的管理组织。仓储管理机构一般设有内部行政管理组织、设备管理组织、财务管理组织、安全管理组织、库场作业管理组织及其他必要的机构。仓储机构的确立应以实现仓储经营的最终目标为原则,建立组织简单、分工明确的机构和员工队伍。

(2)以高效率、低成本为原则组织仓储作业。仓储作业应以高效低耗为原则,充分利用现代化的仓储设备、先进的仓储技术、高效的管理手段,提高仓储利用率,降低成本,保持持续、稳定的仓储作业。仓储作业的核心在于:充分利用先进的仓储技术,建立科学高效的作业制度规程,实行严格的监督管理。其具体范围包括货物入库、堆存、出库的作业,仓储物的验收,理货交接,货物在库期间的保管照料,质量维护,安全防护等。

(3)利用市场经济手段获得仓储资源的最大配置。仓储管理需要利用其自身在市场中的优势吸引资源的投入,以获得效益的最大化。其具体任务包括根据市场供求关系确定仓储的建设,合理选择仓储地址,以仓储产品的类别差异确定仓储功能及其设施配置,合理优化仓储布局等。

第二节 运输管理

一、运输的概念与功能

根据国家标准《物流术语》对运输的解释,运输是指用运输设备将物品从一地点向另一地点运送,其中包括集货、分配、搬运、中转、装入、卸下、分散等一系列操作。

物流运输包括生产领域的运输和流通领域的运输。生产领域的运输指在生产企业内部进行的运输,称为厂内运输,其局部场地的内部移动也被称作"搬运"。它作为生产活动的一个环节,直接为物质产品的生产提供物流服务,包括原材料、在制品、半成品以及产成品的厂内运输。而流通领域的运输是以社会服务为目的,完成货物在空间位置(从生产地向消费地)上的转移过程。其中,较长距离的物流运输称为长途运输或干线运输,从物流末端网点到最终用户的末端物流运输活动称为"配送"。

在物流管理过程中,物流运输主要提供两大功能:物品移动和短时储存。

1. 物品移动

运输的主要功能就是使产品在价值链中移动,完成物品的位置转移,从而创造出空间效用和时间效用。空间效用指的是通过改变物品的地点与位置,消除物品的生产与消费之间在空间位置上的背离,实现物品从效用价值低的地方向效用价值高的地方的转移,从而创造出空间效用。时间效用指的是以最少的时间完成物品从原产地到需求地点的转移,使物品在需要的时间内到达需求地,从而创造出时间效用。

2. 短时储存

物流运输的另一大功能就是短时储存,指的是将运输工具作为临时储存场所,在运输期间对物品进行短时储存。常见的短时储存需求有以下两种形式:一是货物在运输过程中,由于运输目的地临时改变,需要对货物进行临时储存;二是在起运地或目的地的仓库储存能力有限的情况下,将货物以迂回线路或间接路径运往目的地。使用运输工具作为储货地点的费用是相对昂贵的,但如果综合考虑一些限制因素,如运输途中的装卸成本、储存能力,那么选择使用运输工具作为短时储存地点往往是合理的,有时甚至是必要的。

二、运输的原理

指导物流运输管理和运营有两个基本原理:批量经济和距离经济。

1. 批量经济

物流运输批量经济是指随着运输工具装运批量的增长,单位重量的运输成本降低。例如,整车运输的货物每单位成本低于零担运输。因此,运输能力较大的运输工具每单位运输费用低于运输能力较小的运输工具。

物流运输批量经济存在的原因是运输一票货物有关的固定费用(如运输订单处理费、运输工具投资、装卸费用、管理费用以及设备费用等)可以按整票货物量进行分摊。另外,运输批量大往往可以获得运价折扣,使单位货物的运输成本进一步降低。批量经济使货物的批量运输显得合理。

2. 距离经济

物流运输距离经济是指每单位距离的运输成本随着运输距离的增加而减少。距离经济的合理性类似于批量经济,尤其体现在运输装卸费用的分摊上。例如,距离为1000千米的一次装卸成本要低于距离为500千米的二次装卸成本。

物流运输的距离经济符合递减原理,是因为运输工具装卸所发生的固定费用需要分摊到每单位距离的变动费用中,距离越长,平均每单位运价里程所支付的总费用越低,也就是说,运输费率随距离的增加而减少。

三、运输的地位和作用

1. 现代物流的主要功能要素之一

按物流的概念,物流是物的物理性运动,而物流运输承担了物的物理性运动里改变空间状态和时间状态的主要任务。在现代物流观念诞生之前,乃至今天,仍有不少人将物流运输等同于物流,其原因是物流中很大一部分责任是由物流运输承担的,是物流的主要活动部分。

2. 社会物质生产的必要条件之一

物流运输是国民经济的基础,马克思将运输称为第四个物质生产部门,将运输看成是生产过程的继续。物流运输作为社会物质生产的必要条件,表现在两方面:一是在生产过程中生产的直接组成部分没有运输,生产过程内部的各环节就无法连接;二是在社会上物流运输使生产过程继续,这一活动连接生产与再生产、生产与消费的环节,连接国民经济各部门、各企业,连接着城乡,连接着不同国家和地区。

3. 运输可以创造"场所效用"

在不同的空间场所里,物品的使用价值的实现程度不同,其效益的实现程度也不同。改变物品所处的场所,可以最大限度地发挥物品的使用价值,最大限度地提高投入产出比,通过物流运输,将物品运到场所效用最高的地方,就能发挥物品的潜力,实现资源的优化配置,从这个意义上讲,物流运输提高了物品的使用价值。

4. "第三利润源"的主要源泉

物流运输承担着大跨度空间的转移任务,实现这一任务要靠大量的动力消耗,因此,其消耗的动力绝对数量大,成本节约的潜力也就越大,运输费用在全部物流费中所占的比例最高为近50%,有些产品的运费甚至高于产品的生产费。由于运输总里程大,运输总量大,通过体制改革和运输合理化,可大大缩短运输吨公里数,因此,物流运输成为第三个利润源的主要源泉。

四、物流运输合理化

1. 几种不合理运输

不合理运输是在现有条件下可以达到一定的运输水平而未达到,从而形成了运力浪费、费用超支、运输时间增加等问题的运输形式。一般而言,不合理的运输形式有以下几种：

(1)返程或起程空驶。空车无货载,可以说是不合理运输最严重的形式。造成不合理空驶的主要原因有以下几种：自备车送货或提货,往往出现单程重车单程空驶的不合理运输；工作失误或计划不周,造成货源不实,车辆空去空回,形成双程空驶；车辆过分专用,无法运输回程货,只能单程空回周转。

(2)对流运输。对流运输亦称相向运输、交错运输,是指同一种货物或彼此间可以互相替代的不影响管理技术及效益的货物,在同一线路上或平行线路上作相对方向的运送,而与对方运程的全部或一部分发生重叠交错的运输。

(3)迂回运输。迂回运输是一种舍近求远的运输,指可以选取较短距离进行运输,却选择路程较长的路线进行运输,是一种不合理的运输形式。当然,只有因计划不周、地理不熟、组织不当而发生的迂回运输,才属于不合理运输,如果最短距离有交通阻塞,道路情况不好,或有对噪音、排气等的特殊限制,而不能使用时发生的迂回运输,不能称为不合理运输。

(4)重复运输。重复运输的一种形式是本来可以将货物直接运送到目的地,但是在未达目的地或目的地之外的其他场所,将货物卸下,再重复装运送货；另一种形式是同种货物在同一地点一边运进,一边运出。重复运输增加了非必要的中间环节,延缓了流通速度,增加费用的同时也增大了货损的可能性。

(5)倒流运输。倒流运输是指货物从销售地或中转地向产地或起运地回流的一种运输现象。倒流运输的不合理程度高于对流运输,其原因在于往返两程的运输都是不必要的,形成了双程浪费,倒流运输也可以看成是隐蔽对流的一种特殊形式。

(6)过远运输。近处有资源不利用,却从远处调运,造成了可采取近程运输而未采取,从而导致拉长货物运距的浪费现象。过远运输占用运力时间长,使运输工具周转慢,物资占压资金时间长,此外还易增加货损费用支出。

(7)运力选择不当。运力选择不当是指未选择优势运输工具,而使用经济效益不是最佳的运输工具所造成的不合理现象,常见的有以下几种形式：

①弃水走路。在同时可以利用水路运输及公路运输时,不利用成本较低的水路运输或公水联运,而选择成本较高的汽车运输,使水路运输的优势不能发挥。

②火车、大型船舶的过近运输。不是火车及大型船舶的经济运行里程,却利用这些运力进行运输,其主要不合理之处在于：火车及大型船舶起运及到目的地的准备、装卸时间长,且机动灵活性不足,在过近运输中,发挥不了运速快的优势。相反,由于装卸时间长,会延长运输时间。另外,和小型运输设备相比,火车及大型船舶的装卸难度大,费用也较高。

③运输工具承载能力选择不当。不根据承运货物数量及重量选择运输工具,

造成过分超载、破坏车辆,或货物不满载、浪费运力的现象。尤其是"大马拉小车"现象发生较多。由于装货量小,单位货物运输成本必然增加。

2. 物流运输合理化的有效措施

长期以来,人们在生产实践中探索了不少物流运输合理化的途径,积累了不少经验,这些经验在一定时期内和一定条件下取得了显著实效。具体措施包括以下几个方面:

(1)提高运输工具实载率。实载率有两个含义:一是单车实际载重与运距之积和标定载重与行驶里程之积的比率,在安排单车、单船运输时,它是作为判断装载合理与否的重要指标;二是车船的统计指标,即一定时期内车船实际完成的货物周转量(以吨公里计)占车船载重吨位与行驶千米之乘积的百分比。在计算时,车船行驶的公里数不仅包括载货行驶,也包括空驶。

提高实载率的意义在于:充分利用运输工具的额定能力,减少车船空驶和不满载行驶的时间,减少浪费,从而使物流运输合理化。

我国曾在铁路运输上提"满载超轴",其中"满载"的含义就是充分利用货车的容积和载重量,多载货,不空驶,从而达到合理化的目的。这个做法对推动当时运输事业的发展起到了积极的作用。在铁路运输中,整车运输、合装整车、整车分卸及整车零卸等具体措施,都是提高实载率的有效措施。

(2)采取减少动力投入,增加运输能力的有效措施,以求得合理化。这种合理化的要点是少投入,多产出,走高效益之路。运输的投入主要是能耗和基础设施的建设,在设施建设已定型和完成的情况下,尽量减少能源投入,是少投入的核心。做到了这一点,就能大大节约运费,降低单位货物的运输成本,达到合理化的目的。

国内外在这方面的有效措施有:

①"满载超轴"。其中"超轴"的含义就是在机车能力允许的情况下,多加挂车皮。我国在客运紧张时,也采取加长列车多挂车皮的办法,在不增加机车的情况下增加运输量。

②水路运输拖排和拖带法。对于竹、木等物资的运输,利用竹、木本身浮力,不用运输工具载运,采取拖带法运输,可省去运输工具本身的动力消耗,从而使运输合理化。将无动力驳船编成一定队形,用拖轮拖带行驶,可以提升船舶的载乘运量。

③顶推法。这是我国内河货运采取的一种有效方法,是将内河驳船编成一定队形,由机动船顶推前进的航行方法。其优点是航行阻力小,顶推量大,速度较快,运输成本很低。

④汽车挂车。汽车挂车的原理和船舶拖带、火车加挂基本相同,都是在充分

利用动力能力的基础上,增加运输能力。

(3)发展社会化的运输体系。在我国,铁路运输的社会化运输体系已经较为完善,而在公路运输中,小生产方式非常普遍,是建立社会化运输体系的重点。在社会化运输体系中,各种联运体系是社会化运输水平较高的方式,联运方式充分利用面向社会的各种运输系统,通过协议进行一票到底的运输,有效打破了一家一户的小生产方式,受到了欢迎。我国在利用联运这种社会化运输体系时,创造了"一条龙"货运方式。对产、销地及产、销量都较稳定的产品,事先通过与铁路、交通等部门签订协议,规定专门收、到站,专门航线及运输路线,专门船舶和泊位等,有效保证了许多工业产品的稳定运输,取得了较好的成绩。

(4)开展中短距离铁路公路分流,"以公代铁"的运输。这一措施的要点是在公路运输经济里程范围内,或者经过论证,超出通常铁路平均经济里程范围内,尽量采用公路运输。这种运输合理化的表现主要有两点:一是对于比较紧张的铁路运输,用公路分流后,可以得到一定程度的缓解,从而提高这一区段的运输通过能力;二是充分利用公路运输从门到门和在中途运输中速度快且灵活机动的优势,实现铁路运输服务难以达到的水平。

(5)尽量发展直达运输。直达运输是追求运输合理化的重要形式,它通过减少中转、过载、换载,从而提高运输速度,节省装卸费用,降低中转货损。如同其他合理化措施一样,直达运输的合理性也是在一定条件下才表现出来,不能绝对地认为直达运输一定优于中转运输,而是根据客户的要求,从物流体系总体出发作综合判断。从客户需要量看,批量大到一定程度时,直达运输是合理的;批量小到一定程度时,中转运输是合理的。

(6)配载运输。配载运输是指充分利用运输工具载重量和容积,合理安排装载的货物及载运方法,以求得合理化的一种运输方式。配载运输也是一种提高运输工具实载率的有效形式。

配载运输往往是轻重商品的混合配载,在以重质货物运输为主的情况下,搭载一些轻质货物。例如,海运矿石、黄沙等重质货物时,可以在舱面捎运木材、毛竹等;铁路运矿石、钢材等重物时,可以在其上面搭运轻质农副产品等。在基本不增加运力投入、基本不减少重质货物运输的情况下,搭运轻质货物,效果显著。

(7)"四就"直拨运输。"四就"直拨运输是指减少中转运输环节,力求以最少的中转次数完成运输任务的一种形式。一般批量到站或到港的货物,首先要进入分配部门或批发部门的仓库,然后按程序分拨或销售给客户。这样往往出现不合理运输现象。

"四就"直拨运输,首先是由管理机构预先筹划,其次就厂或就站(码头)、就库、就车(船)将货物分送给用户,而不需再入库。

(8)采用特殊运输技术和运输工具。采用特殊运输技术和运输工具是运输合理化的重要途径。例如,专用散装及罐车解决了粉状、液状物运输损耗大、安全性差等问题;袋鼠式车皮、大型半挂车解决了大型设备整体运输问题;"滚装船"解决了车载货的运输问题;集装箱船比一般船只能容纳更多的箱体,集装箱高速直达车船加快了运输速度等,都是通过采用先进的科学技术和运输工具实现了合理化。

(9)通过流通加工,使运输合理化。有不少产品由于自身形态及特性问题,很难实现运输合理化,如果进行适当加工,就能够有效解决合理运输问题。例如,将造纸材在产地预先加工成干纸浆,然后压缩体积运输,就能解决造纸材运输不满载的问题;轻质产品预先捆紧包装成规定尺寸,就可以提高装载量;水产品及肉类产品预先冷冻,就可以提高车辆装载率,并降低运输损耗。

第三节　配送管理

一、配送管理概述

1. 配送的概念

根据国家标准《物流术语》的解释,所谓配送(Distribution),是指在经济合理区域范围内,根据客户要求,对物品进行拣选、加工、包装、分割、组配等作业,并按时送达指定地点的物流活动。

这个概念可以从以下几方面来理解:

(1)配送的地域性。任何一个企业都有一个比较经济合理的辐射范围,因此,"配送"这项物流活动是受一定的区域限制的,超出这个区域范围,物流成本就明显增加,企业运作就不经济了。不过,随着运输技术的不断发展,配送的经济合理区域范围有逐渐扩大的趋势。

(2)配送的服务性。配送的定义尤其强调了"根据客户要求",由此可见,在配送活动中客户占主导地位,同时明确了配送的服务性质是按客户要求进行的一种活动。

(3)配送的综合性。配送是"配"和"送"的有机结合,在配送过程中,如果不进行分拣、配货等作业,而只是有一件运一件,需要一点送一点,就会大大增加人、财、物的消耗,使送货并不优于取货。而配送正是利用有效的分拣、分割、加工、包装、组配等工作,使送货达到一定的经济规模,利用规模优势取得较低的送货成本。配送的作业过程几乎包含了物流活动中所有的功能要素,如储存、装卸、搬运、流通加工、包装、运送、物流信息等,是物流的一个缩影,是小范围内物流活动的综合体现。

(4)配送的准"点"性。它包含两方面的含义,一是时间准时,二是地点准确,即定义中强调的"按时送达指定地点"。根据客户的要求,把配好的货物按时送到双方约定的地点,才能够为客户的生产或销售活动提供有效的支撑,才能够为客户降低运作和物流成本提供便利条件。

(5)配送的高技术特性。配送是许多物流业务活动的有机结合体,连接着商品供应链的上游和下游,其运作管理的综合性和复杂性很明显,因此,若配送活动没有一个物流信息系统和信息网络,没有一套现代化的技术和装备,没有一套现代理念的管理技术和方法,则配送在规模、水平、效率、速度、质量等方面就难以超过以往的送货形式,也很容易陷入传统物流的境地。

2. 配送的种类

(1)按配送组织者分类。

①工厂配送。工厂配送一般是指大批量的商品由工厂直接运送给商业批发部门或大用户;也有在某城市一定范围内,由小型加工厂每日给各零售商店送货。

②批发站配送。批发站配送即各商业批发站给零售商店配送。根据合同订货,或临时要货,由批发站拣选、备货、送货。

③商店配送。组织者是商业或物资的门市网点,这些网点主要承担零售,规模一般不大,但经营品种较齐全。

④配送中心送货。组织者是专职从事物流配送的企业。这些企业的规模较大,可以按配送需要储存各种商品。配送中心的专业性强,和用户建立固定的配送关系,一般实行计划配送;可以承担生产企业主要物资的配送,零售商店需要补充商品的配送,向配送商店实行补充性配送等。

(2)按配送货物品种、数量分类。

①单品种大批量配送。用户单个品种或少数品种一次要货量就可以达到整车运输,不需要再与其他货物搭配,由工厂、批发站或配送中心组织配送。

②多品种小批量配送。将各用户所需数量不大的各种货物选好备齐,凑装整车,然后配送运输到一个或几个用户。

③配套或成套配送。它是按企业生产需要,将生产每一台产品所需要的零部件配齐成套,按指定时间送到指定地点,企业即可随时将这些成套零部件组装。

(3)按配送时间及数量分类。

①定量配送。它是指配送中心每次按固定的数量(包括货物的品种)在指定的时间范围内进行配送。定量配送的计划性强,每次配送的货物品种、数量固定,备货工作简单;可以按托盘、集装箱及车辆的装载能力规定配送的数量,能有效利

用托盘、集装箱等集装方式,配送效率较高,成本较低;由于时间不严格限定,可以将不同客户所需货物凑整车后配送,提高车辆利用率,客户每次接货都处理同等数量的货物,有利于人力、物力的准备。其不足之处是,有时会增大客户的库存量。

②定时配送。它是指配送中心按规定的间隔时间进行配送,如数小时或数天等,每次配送的货物品种和数量均可按计划执行,也可按事先商定的联系方式下达配送通知,按客户要求的品种、数量和时间进行配送。这种模式的时间固定,易于安排工作计划,客户也易于安排接货。但是,由于备货的要求下达较晚,配货、配装难度较大,在配送数量变化较大时,会使配送计划安排出现困难。

③准时配送。它是指配送中心根据约定,使配送供货与企业生产保持同步的方式。这种模式比日配模式更为精细准确,每天至少配送一次,甚至几次,以保证企业生产的不间断。这种模式追求的是供货时间恰好是客户生产时间,货物不需在客户仓库中停留,而直接运往生产场地,利于实现生产企业的"零库存"。这种配送模式适合装配型的重复大量生产的客户。

④定时定量配送。它是指配送中心按规定时间和规定的货物品种及数量进行配送。它结合了定时配送和定量配送的特点,服务质量较高,但组织工作难度增加,因此,这种配送模式通常适合产量大且稳定的固定客户。

⑤定时定量定点配送。它是指配送中心按照确定的周期、确定的货物品种和数量、确定的客户进行配送。这种配送模式一般事先由配送中心与客户签订协议,双方严格按协议执行。它有利于保证重点需要和降低企业库存,主要适用于重点企业和重点项目。

⑥定时定线配送。它是指配送中心在规定的运行路线上指定到达时间表,按运行时间表进行配送,客户可按规定路线及规定时间接货。采用这种配送方式有利于安排车辆和驾驶人员在配送客户较多的地区,配送工作组织相对容易。一般连锁企业的货物配送活动可以采用这种方式。

⑦即时(随时)配送。即时配送即随要随送,指配送中心按照客户提出的时间和货物品种、数量的要求,随即进行配送。这种配送模式是对其他配送模式的完善和补充,主要是为了满足客户由于事故、灾害、生产计划突然改变等导致的突发性需要及普通消费者的临时性需求而采用的高度灵活的应急配送方式。

(4)按配送的专业化程度分类。

①综合配送。该模式是指配送中心需要配送的货物种类较多,不同专业领域的货物通过一个配送中心组织配送。由于货物性能、形状差别很大,因而在组织配送时技术难度较大。

②专业配送。该模式是指根据货物性质和状态的不同来划分专业领域的配送方式。专业配送有其自身的特点:配送中心可以按专业的共同要求优化配送设施,合理配备作业机械和配送车辆,指定适用性强的工艺流程,从而提高配送效率。适合该配送模式的有生产制造零部件配送、农副产品配送、钢材加工配送、电器配送、烟草配送等。

③共同配送。共同配送主要有三种形式。第一种,由一个配送中心对多家客户分别进行配送服务。第二种,一个配送中心在送货环节上将多家客户的代送货物混载于同一辆车上,然后分别送达客户指定的目的地。第三种,由几个中小型配送中心联合起来,分工合作,对某一地区客户进行配送,该形式主要是针对某一地区的客户所需货物数量较少且使用车辆不满载、配送车辆利用率不高等情况。

(5)按配送的职能形式分类。

①销售配送。批发企业建立的配送中心多开展这种业务。批发企业在通过配送中心把商品批发给各零售商店时,也可与生产企业联合,生产企业可委托配送中心储存商品,按厂家指定的时间、地点进行配送。若生产厂家是外地的,则可以采取代理的方式,促进厂家的商品销售,还可以为零售商店提供代存代供配送服务。

②供应配送。供应配送是大型企业集团或连锁店中心为自己的零售店所开展的配送业务。它们通过自己的配送中心或与消费品配送中心联合进行配送。零售店与供方隶属于同一公司,配送成为公司内部的业务,从而减少了许多手续,缓和了许多业务矛盾,各零售店在订货、退货、增加经营品种上也获得更多的便利。

③销售与供应相结合的配送。配送中心与生产厂家及企业集团签订合同,负责一些生产厂家的销售配送和一些企业集团的供应配送。配送中心具有上连生产企业的销售配送、下连用户的供应配送两种职能,实现了配送中心与生产企业及用户的联合。

④代存代供配送。用户将属于自己的商品委托配送中心代存、代供,有时还委托代订,然后组织配送。这种配送在实施前不发生商品所有权的转移,配送中心只是用户的代理人,商品在配送前后都属于用户。配送中心仅从代存、代供中获取收益。

二、配送运行与控制

配送运行与控制的关键在于对进货作业、订单处理、储位管理、盘点作业、分拣作业、补货作业、出货作业、输送作业、退货处理作业等的计划组织、协调与控制。

1. 配送的一般流程

配送作业是配送企业或部门运作的核心内容,配送作业流程的合理性以及配送作业效率的高低,都会直接影响整个物流系统的正常运行。配送作业的一般流程如图 3-1 所示。

图 3-1 配送作业的一般流程

2. 配送作业的基本功能要素

(1)备货。备货工作是配送的预备工作或基础工作,包括筹集货源、订货或购货、集货、进货及有关的质量检查、结算、交接等。配送的优势之一就是可以集中用户的需求进行一定规模的备货。

(2)储存。配送中的储存有储备及暂存两种形态。储备是按一定时期的配送经营要求形成的对配送的资源保证。这种类型的储存数量较大,储存结构也较完善,视货源及到货情况,可有计划地确定周转储备与保险储备的结构和数量。暂存是在具体执行日配送时,按分拣配货要求,在理货场地所做的少量储存预备。

(3)订单处理。订单处理是指配送企业从接受客户订货或配送要求开始到货物发运交付为止,整个配送作业过程中有关订单信息的工作处理。它具体包括接受客户订货或配送要求,审查订货单证,核对库存情况,下达货物分拣、组配、输送指令,填制发货单证,登记账簿,回应或通知客户办理结算、退货处理等一系列与订单密切相关的工作活动。

(4)分拣及配货。分拣及配货是完善送货、支持送货的预备性工作,是不同配送企业在送货时进行竞争和提高自身经济效益的必然延伸,也是送货向高级形式发展的必然要求。有了分拣及配货,就会大大提高送货服务水平。因此,分拣及配货是决定整个配送系统水平的关键要素。

(5)配送加工。在配送中,配送加工这一功能要素不具有普遍性,但往往具有重要的作用。其主要原因是配送加工可大大提高客户的满意度。配送加工是流通加工的一种,但配送加工有不同于一般流通加工的特点,即配送加工一般只取决于客户要求,其加工的目的较为单一。

(6)车辆配装。单个客户配送数量不能达到车辆的有效载运负荷时,就要集中不同客户的配送货物进行搭配装载,以充分利用运能、运力,这时就需要进行配装。和一般送货不同,通过配装送货可以大大提高送货水平,降低送货成本。

(7)配送运输。配送运输属于运输中的末端运输和支线运输,配送运输与一般运输形态的主要区别在于:配送运输距离是较短距离、较小规模、频度较高的形式,运输工具一般使用汽车。此外,有别于干线运输的线路简单唯一,配送运输的路线是多条的、复杂的。如何组合成最佳路线,如何使配装和路线有限搭配等,是配送运输的特点,也是其难点所在。

(8)送货到达。配好的货物运输给用户不能说明配送工作完结,这是因为送达货和用户接货往往会出现不协调而使配送前功尽弃。因此,要圆满地实现运到货物的移交,并有效、方便地办理相关事宜后并完成结算,还应讲究卸货地点、卸货方式等。比如在对消费者配送大件家电产品和向工矿企业配送机电仪器设备时,可能还要负责对设备进行安装调试工作。在市场经济环境下,强调配送业务的送达服务也是非常必要的,这是配送与运输的主要区别之一。

(9)车辆回程。在执行完配送工作之后,车辆返回。一般情况下,车辆回程往往是空驶,这是影响配送效益、增加配送成本的主要因素之一。为提高配送效率及效益,配送企业在规划配送路线时,应当尽量缩短回程路线,在进行稳定的计划配送时,回程车可将包装物、废弃物、次品运回集中处理,也可以在配送服务对象所在地设立返程货物联络点,顺路带回其他货物,尽量减少空车返回,提高车辆的利用率。

3. 配送合理化

影响配送作业合理化的因素有很多,包括配送前、配送中、配送后等多方面的因素。因此,配送作业的合理化措施也是多方面的,没有统一的模式,要具体问题具体分析。国内外在配送合理化方面,有很多有益的做法值得借鉴。关于不合理配送的表现形式和配送作业合理化的做法可参见表3-1。

表3-1 不合理配送的表现形式和配送作业合理化的做法

不合理配送的主要表现	配送作业合理化的做法
	推行客户差异化配送服务
资源筹措不合理	推行专业化、标准化配送
库存决策不合理	推行流通加工配送
价格不合理	推行共同配送
配送与直达的决策不合理	推行双向配送
送货运输不合理	推行JIT配送系统
	推行即时配送
	推行配送任务适度外包

三、配送中心

1. 配送中心的概念

根据国家标准《物流术语》的定义,配送中心是指从事配送业务且具有完善信息网络的场所或组织。配送中心应基本符合下列要求:①主要为特定客户或末端客户提供服务;②配送功能健全;③辐射范围小;④多品种、小批量、多批次、短周期。

配送中心的形成及发展是有其历史原因的,一般认为配送中心是物流领域中社会分工和专业化分工的产物。这里引用日本经济新闻社出版的《输送的知识》一书的观点:"由于客户在货物处理的内容上、时间上和服务水平上都提出了更高的要求,为了顺利地满足客户的这些要求,就必须引进先进的分拣设施和配送设备,否则就不可能建立正确、迅速、安全、廉价的作业体制。因此,大部分企业都建造了配送中心。"可见,配送中心是物流系统化和大规模化的必然结果,是基于物流合理化和拓展市场的需要而逐步发展起来的。

2. 配送中心的功能与作用

(1)配送中心的功能。通常情况下,配送中心应具有以下功能:采购功能、运输功能、储存功能、搬运装卸功能、流通加工功能、组配功能、包装功能、集货功能、配送功能、退货回收功能、直接换装功能、信息处理功能、增值服务功能。

(2)配送中心的作用。根据在物流系统中服务对象的不同,配送中心具有不同的作用。

①为社会物流系统服务——社会配送中心。配送中心在社会物流系统中的作用,可以简单地通过图 3-2 来分析。假设在社会物流体系中没有设立配送中心,有 x 家供应商要把商品分别配送到 y 家销售商,这是一种分散配送的物流体系,如图 3-2(a)所示;再假设社会物流体系中设立了配送中心,有 x 家供应商通过社会物流配送中心向 y 家销售商供货,这是一种集中配送的物流体系,如图 3-2(b)所示。

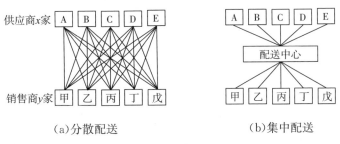

(a)分散配送　　　　　　　　(b)集中配送

图 3-2　配送中心在社会物流系统中的作用

比较图 3-2(a)和图 3-2(b),可知:

第一,分散配送的运送次数明显增多,必然使整个物流成本增大。

第二,集中配送的物流网络比较有序,而分散配送容易引起物流网络无序,出现物流通路混乱,从而导致交通拥挤。

第三,与集中配送相比,分散配送加重了城市噪声、尾气、粉尘等污染和对销售商周边居民生活的干扰,产生的社会负面影响较大。

②为企业物流系统服务——企业配送中心。企业配送中心主要有两种,即生产制造企业建立的、服务于企业生产的配送中心和商贸流通企业建立

的、服务于贸易流通的配送中心。从不同的角度分析，就会看到企业配送中心的不同作用。

以商业连锁企业为例，其配送中心的主要作用有：加快商品流通速度，节约流通时间；有利于实现大批量商品的运输和存储，取得良好的规模效益；有助于提高整个商业连锁企业的库存周转率，压缩库存金额和在途商品的金额，加速资金周转；通过集中采购、大批量订货等方式，使连锁企业得到非常优惠的折扣，同时大量的订货也密切了连锁企业同供应商的关系。专业化的运作可以减少物流过程中的商品损耗和财产损失。集中高效的物流配送活动，有助于使各个连锁店铺实现"零库存"，使店铺集中精力经营业务，集中配送有力地支持了连锁企业的营销活动；合理、通畅、规模化运作的物流配送，可以提高车辆的利用率，节约能源，减少污染，同时缓解城市交通拥挤的现象。

连锁企业配送中心不但使企业获得了巨大的经济效益，而且给社会带来了可观的社会效益。

3. 配送中心的基本作业流程

根据配送中心作业活动的内容和特性，以及配送中心与商品供应链上、下游之间的关系，我们不难得出如图 3-3 所示的配送中心各项业务功能的相互关系。

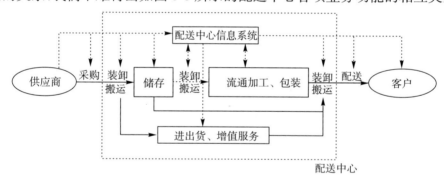

图 3-3　配送中心各项业务功能的相互关系

将图 3-3 中的内容进一步分解，就可以得到如图 3-4 所示的常见配送中心的典型作业活动及作业流程。

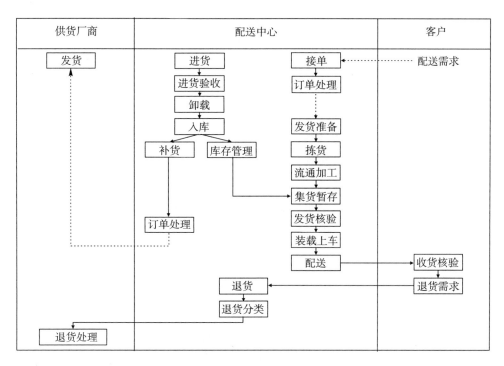

图 3-4 配送中心的典型作业活动及作业流程

第四节 装卸搬运管理

一、装卸搬运的概念

装卸搬运就是指在同一地域范围内进行的、以改变物料的存放(支承)状态和空间位置为主要目的的活动。装卸是指物品在指定地点以人力或机械装入运输设备或从运输设备卸下的活动。而搬运是指在同区域范围内将物品进行以短距离水平移动为主的物流作业。搬运的"运"与运输的"运"之区别在于：搬运是在同一地域的小范围内发生的，而运输则是在较大范围内发生的。在实际操作中，装卸和搬运是密不可分的。

装卸搬运是随运输和保管等而产生的必要物流活动，它是对运输、保管、包装、流通加工、配送等物流活动进行衔接的中间环节。装卸搬运有对输送设备(如辊道、车辆)的装入、装上和取出、卸下作业，也有对固定设备(如保管货架等)的出库、入库作业。

二、装卸搬运的作用

装卸搬运是介于物流各环节(如运输、储存等)之间起衔接作用的活动，无论在生产领域还是在流通领域,都起着十分重要的作用。在生产企业的物流系统中,各个环节的先后或同一环节的不同活动之间,都必须进行装卸搬运作业。装卸搬运是生产企业物料的不同运动(包括相对静止)阶段之间相互转换的桥梁。装卸活动的基本动作包括装车(船)、卸车(船)、堆垛、入库、出库以及连接上述各项动作的短程输送,是随运输和保管等活动而产生的必要活动。装卸搬运在全部物流活动中占有重要地位,发挥着重要作用。

1. 装卸搬运直接影响物流质量

进行装卸操作时往往需要接触货物,使货物产生垂直或水平方向上的位移,货物在移动过程中会受到各种外力的作用,如振动、撞击、挤压等,其包装和本身容易因此而受损,如损坏、变形、破碎、散失、流溢等。装卸搬运损失在物流费用中占有一定的比重。例如,袋装水泥纸袋破损和水泥散失主要发生在装卸过程中,玻璃、机械、器皿、煤炭等产品在装卸时最容易造成损失。

2. 装卸搬运直接影响物流效率

在物流过程中,装卸活动是不断出现和反复进行的,它出现的频率高于其他各项物流活动,且每次装卸活动都要花费很长时间,所以,它往往成为决定物流速度的关键。物流效率主要表现为运输效率和仓储效率。缩短装卸搬运时间,不但对加速车船和货物周转具有重要作用,而且有利于疏站疏港。在仓储活动中,装卸搬运效率对货物的收发速度和货物周转速度产生直接影响。同时,装卸搬运组织与技术对仓库利用率和劳动生产率也有一定影响。

3. 装卸搬运直接影响物流安全

由于物流活动是物的实体流动,在物流活动中确保劳动者、劳动手段和劳动对象的安全非常重要。装卸搬运特别是装卸作业时,货物要发生垂直位移,因此,不安全因素比较多。实践表明,物流活动中发生的各种货物破失事故、设备损坏事故、人身伤亡事故等,相当一部分是在装卸过程中发生的。特别是一些危险品,在装卸过程中如违反操作规程进行野蛮装卸,很容易造成燃烧、爆炸等重大事故。

4. 装卸搬运直接影响物流成本

为了进行装卸搬运活动,必须配备足够的装卸搬运人员和装卸搬运设备。由于装卸搬运作业量比较大,装卸活动所消耗的人力也很多,因此,装卸费用在物流成本中所占的比重也较高。以我国为例,铁路运输的始发和到达的装卸作业费大致占运费的20%左右,船运占40%左右。如能减少用于装卸搬运的人力消耗,则可以降低物流成本。因此,为了降低物流费用,装卸是个重要环节,采取积极的措施使它实现合理化是非常必要的。

三、装卸搬运的特点

装卸搬运在物流活动中占有重要的位置,其特点主要表现为以下几个方面。

1. 装卸搬运是支持、衔接性活动

装卸搬运是物流每一项活动开始及结束时必然发生的活动,对其他物流活动有一定的决定性作用。装卸搬运会影响其他物流活动的质量和速度,例如,装车不当会造成货物运输过程中的损失;卸货不当会导致货物转换成下一步运输的困难。许多物流活动在有效的装卸搬运支持下,才能实现高水平。

2. 装卸搬运作业的对象多变

装卸搬运的对象是物品,而在物流过程中的物品品种多样,其外观、重量、包装等不同,因而用于运输的机具以及运输的形式也不一样。例如,单件装卸搬运和集装化装卸搬运存在很大的差别;散装货物的装卸搬运与规整货物的装卸搬运形式迥异。因此,为了适应这种变化,选择装卸搬运作业的设备和形式也就多样。

3. 装卸搬运作业具有波动性

虽然流通领域的装卸搬运力求平衡作业,但商品运输的到发时间不确定,批量大小不等,各运输仓储部门收发商品的时间经常变化,这就造成装卸搬运作业是不连续的、波动的、间歇的。因此,为适应这种波动性的变化,必须加强货运、中转、储存、装卸搬运之间的协调配合,提高装卸搬运机械的使用效率。对波动作业的适应能力是装卸搬运的特点之一。

4. 装卸搬运作业兼有单纯性与复杂性

在很多情况下,生产领域中的装卸搬运是生产过程中的一项生产活动,它只单纯改变物料存放状态或空间位置,其作业较为简单。而流通过程中,由于装卸搬运与运输、存储紧密衔接,为了安全和输送的经济性原则,需要同时进行堆码、满载、加固、计量、取样、检验、分拣等作业,并且较为复杂。因此,装卸搬运作业必须具有适应这种复杂性的能力,这样才能加快物流速度。

四、装卸搬运方式

1. 按作业场所分类

按作业场所可将装卸搬运方式分为库场装卸、铁路装卸和港口装卸。

(1)库场装卸。库场装卸是指在用户的货场、仓库进行的装卸作业,即铁路车辆和汽车在厂矿或储运业的仓库、堆场、集散点等处进行的装卸作业。库场装卸配合出库、入库、维护保养等活动进行,并且以堆垛、上架、取货等操作为主。

(2)铁路装卸。铁路装卸是指在铁路车站进行的装卸作业。它包括汽车在铁路货物和站台旁的装卸作业;铁路仓库和堆场的堆码、拆取、分拣、配货、中转作业;铁路车辆在货场及站台的装卸作业;服务于装卸搬运的辅助作业,如加固、清扫、揭盖篷布、移动车辆、计量等作业。

(3)港口装卸。港口装卸包括码头前沿的装船和后方的支持性装卸搬运,有的港口装卸还采用小船在码头与大船之间"过驳"的办法,因而其装卸的流程较为复杂,往往经过几次装卸及搬运作业才能最后实现船与陆地之间货物过渡的目的。

2. 按作业方式分类

按作业方式可将装卸搬运方式分为使用吊车的"吊上吊下"方式、使用叉车的"叉上叉下"方式、使用半挂车或叉车的"滚上滚下"方式、"移上移下"方式和散装散卸方式等。

(1)"吊上吊下"方式。"吊上吊下"方式即采用各种起重机械从货物上部起吊,依靠起吊装置的垂直移动实现装卸,并在吊车运行的范围内或回转的范围内实现搬运,或依靠搬运车辆实现小搬运。由于吊起及放下属于垂直运动,这种装卸方式属于垂直装卸。

(2)"叉上叉下"方式。"叉上叉下"方式即采用叉车从货物底部托起货物,并依靠叉车的运动将货物位移,搬运完全靠叉车本身,货物可不经中途落地直接放置到目的地。这种方式的垂直运动幅度不大,而主要是水平运动,属于水平装卸方式。

(3)"滚上滚下"方式。"滚上滚下"方式主要是指港口装卸的一种水平装卸方式。利用叉车或半挂车、汽车承载货物,连同车辆一起开上船,到达目的地后再从船上开下,称"滚上滚下"方式。"滚上滚下"方式需要有专门的船舶,对码头也有不同的要求,这种专门的船舶称为"滚装船"。

(4)"移上移下"方式。在两车之间(如火车及汽车)进行靠接,然后利用各种方式,不使货物垂直运动,而靠水平移动使货物从一个车辆上推移到另一车辆上,称为"移上移下"方式。"移上移下"方式需要使两种车辆进行水平靠接,因此,需对站台或车辆货台进行改变,并配合移动工具实现。

(5)散装散卸方式。对散装物进行装卸时,一般从装点到卸点,中间不再落地,这是集装卸与搬运于一体的装卸方式。

3. 按作业特点分类

按作业特点可将装卸搬运方式分为连续作业法和间歇作业法。

(1)连续作业法。连续作业法即货物支承状态和空间位置的改变,系连贯、持续地流水式进行,主要使用连续输送机械和由该机械再组合成的专用机械进行作业。在装卸量较大、装卸对象固定、货物对象不易形成大包装的情况下采取这一方式。

(2)间歇作业法。间歇作业法即货物支承状态和空间位置的改变,系断续、间歇、重复、循环进行,主要使用起重机械、工业车辆、专用机械进行作业。间歇装卸有较强的机动性,装卸地点可在较大范围内变动,主要适用于货流不固定的各种货物,尤其适用于包装货物、大件货物,同时散粒货物也可采取这种方式。

4. 按作业功能分类

按作业功能,装卸搬运作业分为堆码拆取作业、分拣配货作业和挪动移位作业。

(1)堆码拆取作业。堆码拆取作业是指将物品整齐、规则地摆放成货垛的作业。

(2)分拣配货作业。分拣配货作业是指根据特定的需要,将正在保管的商品取出的作业。它是超市配送的核心业务,占其作业量的大部分,并且作业速度、效率及出错率直接影响配送中心的效率和顾客的满意程度。

(3)挪动移位作业。挪动移位作业是指单纯地改变货物的水平定位的作业。

5. 按作业对象分类

按作业对象可将装卸搬运分为单件作业法、集装作业法和散装作业法。

(1)单件作业法。单件作业法是指将货物单件逐件装卸搬运的方法,这是人力作业阶段的主导方法。目前,对长、大、笨重、形状特殊的货物或集装会增加危险的货物,仍采取单件作业法。

(2)集装作业法。集装作业法是指先将货物集零为整,再进行装卸搬运的方法,包括集装箱作业法、托盘作业法、货捆作业法、滑板作业法、网装作业法及挂车作业法等。

(3)散装作业法。散装作业法是针对煤炭、矿石、粮食、化肥等块粒、粉状物资,采用重力法(通过筒仓、溜槽、隧洞等方法)、倾翻法(使用铁路的翻车机)、机械法(抓、舀等)、气力输送(利用风机在管道内形成气流,通过动能、压差来输送)等方法进行装卸。

五、装卸搬运合理化

1. 影响装卸搬运合理化的基本因素

由于装卸搬运活动对物流活动的费用、工作效率及物品损坏率具有较大的影响,因此,在进行该项活动时应尽量使之合理。一般来讲,影响装卸搬运合理化的主要因素有以下五点。

(1)从事装卸搬运的人。一般来讲,无论是采用自动化装卸搬运模式,还是采用人工装卸搬运模式,只要存在装卸搬运活动,就一定少不了从事装卸搬运活动的主体——人(劳动力)。事实上,在各个物流环节中,装卸搬运是一项高劳动密集型的活动,因此,从事装卸搬运活动的人的素质和劳动效率的高低必然会极大地影响物流体系的整体效率和效益。

(2)被装卸搬运的物品。在流通领域中,流通的"物"的种类是非常多的,概括地讲,人们在生产及生活中所接触的各种物品都可能是物流的对象。因此,在装卸搬运活动中,因物的性质、形态、重量、大小等不同,装卸搬运方式必然不同。为了实现合理的装卸搬运,必须考虑物品的特性。

(3)装卸搬运的场所。由于运输及保管方式不同,进行装卸搬运的场所存在很大差异,如在车站、港口、机场、企业仓库等进行的装卸搬运就有很大的不同。在不同场所进行的装卸搬运,其所选择的方式、设备等都有很多方案可供选择。因此,在实施合理的装卸搬运时,必须考虑货物所在的场所。

(4)装卸搬运的时间。所谓装卸搬运的时间,就是指装卸搬运所需的时间、频度、时期等。针对不同的物品及不同的场所,为了实现合理装卸搬运,必须采用不同的时间安排,如连续流通装卸搬运方式和间隔成组装卸搬运方式等。

(5)装卸搬运的手段。随着科学技术的进步及物流科学的发展,装卸搬运的手段也发生了由人力装卸为主向机械自动装卸为主的变化。一般来讲,在人、场所以及时间都相同的前提下,对同一物品进行装卸搬运的手段有很多种,而不同的装卸搬运手段所达到的效果必然是不同的,其中一种或几种才是效率最高的。

2. 装卸搬运合理化的原则

(1)优化装卸程序原则。在装卸搬运时,应从研究装卸搬运的功能出发,分析各项装卸搬运作业环节的必要性,取消、合并装卸搬运作业的环节和次数,消灭重复无效、可有可无的装卸搬运作业。

(2)单元化原则。单元化原则是指将物品集中成一个单位进行装卸搬运的原则。单元化是实现装卸搬运合理化的重要手段。在物流作业中应广泛使用托盘,通过叉车与托盘的结合提高装卸搬运的效率。单元化不仅可以提高作业效率,还可以防止损坏和丢失,数量的确认也会更加容易。

(3)巧装满载原则。在装卸搬运时,要根据货物的轻重、大小、形状、物理化学性质,以及货物的去向、存放期限、车船库的形式等,采用恰当的装载方式,巧妙配装,使装载工具满载,库容得到充分利用,从而提高运输、存储效益和效率。

(4)移动距离(时间)最小化原则。搬运距离(时间)与搬运作业量和作业效率是联系在一起的,在货位布局、车辆停放位置、出入库作业程序等设计上,应该充分考虑物品移动距离(时间)的长短,以物品移动距离(时间)最小化为设计原则。

(5)各环节均衡协调原则。装卸搬运作业既涉及物流过程的其他各环节,又涉及它本身的工艺过程。只有各环节相互协调,才能使整条作业线产生预期的效果。因为个别薄弱环节的生产能力决定了整个装卸搬运作业的综合能力,因此,要针对薄弱环节采取措施,提高能力,使装卸搬运系统的综合效率最高。

虽然上述原则都是一些基本性要求,但涉及面广,落实难度很大,不是装卸搬运行业自身所能解决的。因此,应当从物流系统的整体上统筹规划,合理安排,各个环节要紧密配合,才有助于落实这些原则。

3. 装卸合理化的方法

装卸搬运作业除了要遵循上述基本原则外,还应要求合理化。事实上,装卸搬运的基本原则是装卸搬运合理化经验的总结,也是合理化的基本要求。因此,装卸搬运合理化,首先必须坚持装卸搬运的基本原则,其次是按照装卸搬运合理化的要求,进行装卸搬运作业。装卸搬运合理化的方法包括以下几种。

(1)防止无效装卸。无效装卸是指消耗必要装卸劳动之外的多余装卸劳动。它具体表现为:过多的装卸次数、过大的包装装卸、无效物质的装卸。

影响装卸次数的因素很多,但主要有两个方面:一是物流设施和设备;二是装卸作业组织与调度。

①物流设施和设备对装卸次数的影响。厂房、库房等建筑物的结构类型、结构特点及建筑参数,均会对装卸次数产生直接影响。如厂房、库房选择地址及单层建筑,有足够的跨度和高度,库门尺寸与进出库机械设备的外廓尺寸相适应。装卸运输设备能自由进出,直接在车间或库房内进行装卸,以减少二次搬运。

②装卸作业组织与调度工作对装卸次数的影响。在物流设施和设备一定的情况下,装卸作业组织与调度工作水平是影响装卸次数的主要因素。如组织联合运输,使各种运输方式在同一种运输方向、不同运输工具之间紧密衔接,在中途转运时卸车(船)与装车(船)一次完成,即货物不落地完成运输方式和运输工具的转换。又如对到达车站、码头的货物,在可能的情况下,应尽量就站、就港直接中转发运,不必再进中转仓库。对于工厂而言,减少装卸次数的途径主要是合理设计生产工艺流程,从原材料投入到产成品出来形成流水作业线,增强各车间、各工段、各环节的生产连续性。

(2)利用重力作用,减少动力消耗。在装卸时应考虑重力因素,可以利用货物本身的重量,进行有一定落差的装卸,以减少或根本不消耗装卸的动力,这是合理化装卸的重要方式。例如,从卡车卸物时,利用卡车与地面或小搬运车之间的高度差,将溜槽、溜板等简单工具或无动力的小型传送带倾斜安装在货车、卡车或站台上,进行货物装卸,可以依靠货物本身的重量,从高处自动滑到低处,无需消耗动力。

在装运时尽量消除或削弱重力的影响,也会获得减轻体力劳动及其他劳动消耗的合理性。使货物平移,即从甲工具转移到乙工具上,就能有效消除重力影响,实现合理化。例如,在人力装卸时,负重行走要持续抵抗重力的影响,同时还要行进,因而体力消耗很大,是出现疲劳的环节。所以,人力装卸时如果能做到"持物不步行",并配合简单机具,使货物的重量由台车、传送带负担,则可以大大减轻劳动量,做到合理化。

(3)合理选择装卸搬运机械。装卸机械化程度一般分为三个级别:第一级是使用简单的装卸器具;第二级是使用专用的高效率机具;第三级是依靠电脑控制,实行自动化、无人化操作。以哪一个级别为目标实现装卸机械化,不仅要从经济合理方面来考虑,还要从加快物流速度、减轻劳动强度和保证人与物的安全等方面来考虑。

一方面,在装卸时应注意发挥装卸搬运机械化的规模效益,一次装卸量或连续装卸量要达到充分发挥机械最优效率的水准。为了降低单位装卸工作量的成本,装卸机械的能力达到一定规模时才会有最优效果。追求规模效益的方法主要是通过各种集装实现间断装卸时一次操作的最合理装卸量,从而使单位装卸成本降低,也可通过散装实现连续装卸的规模效益。

另一方面,装卸搬运机械的选择必须根据装卸搬运物品的性质来决定。对配以箱、袋或集合包装的物品,可以用叉车、吊车、货车装卸,散装粉粒状物品可使用传送带装卸,散装液体物可以直接用装运设备或储存设备装取。

(4)提高装卸搬运活性。装卸搬运活性是指在装卸搬运中的物资进行装卸搬运作业的方便性。对于待运物品,应使之处在易于移动的状态。为提高搬运活性,应把它们整理成堆或是包装成单件放在托盘上,或是放在车上,或是放在输送机上。由于装卸搬运是在物流过程中反复进行的活动,因而其速度可能决定整个物流速度。每次装卸搬运的时间缩短,多次装卸搬运的累计效果则十分可观。因此,提高装卸搬运活性是装卸合理化的重要因素。装卸搬运活性指数分为 0~4 五个等级,见表 3-2。

表 3-2 装卸搬运活性指数

搬运活性指数	货物状态描述
0 级	货物杂乱地堆放在仓库或配送中心地面
1 级	货物已被成捆地捆扎或集装起来
2 级	货物被置于箱内,下面放有托盘或衬垫,以便于叉车或其他机械进行装卸搬运
3 级	放置于台车或起重机等装卸、搬运机械上,处于可移动状态
4 级	已被启动,处于装卸、搬运的直接作业状态

第五节　流通加工与包装技术

一、流通加工

1. 流通加工的概念

按照国家标准《物流术语》,流通加工(Distribution Processing)是指物品在从生产地到使用地的过程中,根据需要施加包装、分割、计量、分拣、组装、价格贴附、标签贴附、商品检验等简单作业的总称。流通加工是现代物流活动的重要构成要素之一,是为了提高物流速度和物品利用率,在物品进入流通领域后,按客户要求进行的加工活动。即在物品从生产者向消费者流动的过程中,为了促进销售、维护产品质量、实现物流的高效率所采取的使物品发生物理变化和化学变化的功能。如今,流通加工作为提高商品附加价值、促进商品差别化的重要手段之一,其重要性越来越显著。

流通加工是在流通领域中对物品进行的加工,在加工方法、加工组织、作业管理过程中,与生产领域的加工相似,可以说有些流通加工就是生产领域作业过程的延伸或放到流通领域中完成,以解决生产过程中生产面积、劳动力等方面的困难。多数流通加工在加工目的、加工对象、加工程度方面有较大差别。

图 3-5　流通加工示意图

流通与加工的概念属于不同的范畴,如图 3-5 所示。加工是通过改变物品的形态或性质来创造价值,属于生产活动。流通则是改变物品的空间状态与时间状态,并不改变物品的形态或性质。而流通加工属于生产和流通的中间领域,不改变商品的基本形态和功能,只是完善商品的使用功能,提高商品的附加价值。

具体而言,流通加工与生产加工的区别主要体现在以下四个方面,见表 3-3。

表 3-3　流通加工与生产加工的区别

	生产加工	流通加工
加工对象	原材料、半成品和成品(为了满足个别消费者需要而加工的产成品)。总而言之,对象是尚未进入流通领域的劳动产品,不具有商品属性	流通加工的对象(不管是成品还是半成品)均为通过交换而获得的劳动产品,具有商品的属性,即完全性的商品

续表

	生产加工	流通加工
加工程度	作业范围广,加工的技术、程序也很复杂,加工的深度很强,并且常常形成系列化的操作	多为简单的初级加工活动,其复杂程度和加工深度都远远不及生产加工;作为生产加工的外延或补充形式而存在和开展起来的;绝对不是对生产加工的否定和完全取代,而是对生产加工的延伸
加工主体	生产加工是由生产企业组织完成的,生产加工的组织者是生产者	从事流通加工活动的单位是流通企业和商业企业,流通加工的当事人是从事流通活动的经营者
加工目的	创造产品的价值	发展和完善流通自身,实现产品的价值;提高物流效率、降低物流成本

2. 流通加工的作用

虽然流通加工在现代物流中的地位不能与运输、仓储等主要功能要素相比拟,但它具有运输、仓储等主要要素不具有的作用。流通加工是一种低投入高产出的加工方式,这种简单的加工往往能解决大问题。实践证明,有的流通加工通过改变装潢使商品档次跃升而充分实现其价值,有的流通加工可使产品利用率提高20%~50%。因此,流通加工是物流企业的重要利润源,它在物流中的地位相当重要,属于增值服务范围。

(1)流通加工弥补了生产加工的不足。生产环节的各种加工活动往往不能完全满足消费者的要求,如生产资料产品的品种成千上万,规格型号极其复杂,要完全做到产品统一标准化是极其困难的。而流通企业往往对生产领域的物品供应情况和消费领域的商品需求最为了解,这为它们从事流通加工创造了条件。因此,要弥补生产环节加工活动的不足,流通加工是一种理想的方式。

(2)流通加工方便了客户。在流通加工未产生之前,物品满足生产或消费需要的加工活动一般由使用单位承担,使用者不得不安排一定的人力、设备、场所等来完成这些加工活动,这导致下一个生产过程时间延长、设备投资大、利用率低等问题。流通加工的出现不仅为物品的使用者提供了极大的方便,而且因为由流通部门统一进行,设备利用率高,加工费用低。

(3)流通加工为流通企业增加了利益。从事流通活动的企业所获得的利润,一般只能从生产企业的利润中转移出来。通过流通加工业务,流通企业不仅能够获得生产领域转移过来的一部分价值,还可以创造新的价值,从而获得更大的利润。

(4)流通加工提高了原材料利用率。可以利用流通加工将生产厂商直接运来的简单规格产品,按照使用部门的要求进行集中下料。例如,将钢板进行剪板、切裁；将钢筋或圆钢裁制成毛坯等。集中下料可以优材优用、小材大用、合理套裁，有很好的技术经济效果。

(5) 流通加工提高了加工效率及设备利用率。利用集中进行的流通加工代替分散在各个国家或地区的分别加工，可加强宣传力度，以广招货源，而且采用效率高、技术先进、加工量大的专门设备，提高了流通加工效率，增加了设备利用率，加速了物流现代化进程。

(6) 流通加工提高了全球物流效率，降低了物流成本。流通加工可以方便国际运输。如果一些制成品在制造厂装配成完整的产品，那么在国际运输过程中，将花费很高的费用。一般可以把它们的零部件分别集中装箱，到达国外各个销售地点以后再分别装成成品，这样就可以有效地降低物流成本，使运输方便、经济。国际物流中对商品的包装要求有运输包装和销售包装两种，而流通加工能协调运输包装与销售包装。

(7) 流通加工促进了全球物流合理化。流通加工促进全球物流合理化，体现在对配送和运输手段的改善上。流通加工能方便全球物流配送。因为全球物流企业自行安排流通加工与配送，流通加工是配送的前提，根据流通加工在全球形成的特点布置配送，可使必要的辅助加工与配送在全球范围内很好地衔接，使全球物流过程顺利完成。

流通加工能充分发挥各种运输手段的最高效率。因为流通加工环节一般设置在商品的最终消费地，流通过程中衔接生产地的大批量、高效率、长距离的输送和消费地的多品种、少批量、多用户、短距离的输送之间，存在着很大的供需矛盾，而通过流通加工就可以较为有效地解决这个矛盾。以流通加工为分解点，从生产地到流通加工点可以利用火车、船舶形成大量的、高效率的定点输送；而从流通加工点到消费者则可以利用汽车和其他小型车辆形成多品种、多用户的灵活输送。这样可以充分发挥各种输送手段的最高效率，加快输送速度，节省运力运费，使物流更加合理。

3. 流通加工的类型

物流企业所服务的对象种类繁多，其流通加工环节具有多种形式。流通加工的内容、方法虽然很多，但按其加工的目的大致分为五种基本流通加工类型。

(1) 方便流通的加工。这种流通加工的目的在于有利流通、促进销售、方便物流。属于这一类的流通加工有：水产品、肉类的冷冻加工；废钢铁的压型加工；木材纤维的压缩加工等。根据加工的对象不同，流通加工表现为生活资料的流通加工和生产资料的流通加工。生活资料即生活消费品，其加工目的是使消费者对生活消费品满意，典型的如水产品、肉产品等的保鲜加工和保质的冷冻加工。生产资料流通加工的目的是保证生产资料使用价值不受损害，因为随着时间的推移，有的生产资料所具有的使用价值或功能会发生不同程度的变化,有的甚至完全失去使用价值。因此,对生产资料进行相应的加工是必要的,如对木材的防腐、防干裂处理和金属的防锈处理等。

(2)衔接产需的加工。这种流通加工的目的在于通过加工使产品品种、规格、质量满足用户需要,解决产需分离现象。属于这一类的流通加工有:金属材料裁剪、木材裁制加工、煤炭加工、平板玻璃套裁加工、商品混凝土加工等。从需求角度看,需求存在多样化和变化性的特点,而生产企业为提高效率,其生产方式是大批量生产,因此,不能满足用户多样化的需求。为满足用户对产品多样化的需求,同时又保证社会高效率的大生产,将生产企业的标准产品进行多样化的加工是流通加工中占有重要地位的加工形式。典型的如钢卷的舒展、剪切,平板玻璃的开片加工等。

(3)除去杂质的加工。一些大宗货源如煤炭除矸,可以减少无用杂质所占用的运输能力,提高运输效率和效益。

(4)生产延伸的加工。生产过程中的一些作业因生产场地、经济效益等原因,放到流通领域进行。如时装的分类、质检与仓储、配送结合起来的加工方式;自行车在消费区域的装配加工;造纸用木材磨成木屑的流通加工等。

(5)提高效率的加工。这一类流通加工的目的在于通过流通加工提高物流系统整体综合效益。属于这一类的流通加工主要有煤炭配煤加工、水泥熟料加工、水产品加工等。为实现配送活动,满足客户对物品供应的数量和供应构成的要求,配送中心必须经过流通加工环节。

二、包装技术

1. 包装的概念

任何产品要从生产领域转移到消费领域,都必须借助于包装。包装是在流通过程中为保护产品、方便储运、促进销售,按一定的技术方法采用的材料、容器以及辅助物等的总体名称;也指为了达到上述目的而在采用容器、材料和辅助物的过程中施加一定技术方法等的操作活动。具体来讲,包装包含了两层含义:一是静态的含义,指能合理容纳商品、抵抗外力、保护宣传商品、促进商品销售的物体,如包装容器等;二是动态的含义,指包裹、捆扎商品的工艺操作过程。通常情况下,认为包装就是包装手段加内容物。

包装在整个物流系统中有着十分重要的地位。包装是生产过程的最后一道工序,是连接销售和生产的关键环节。在社会再生产过程中,包装处于生产过程的末尾和物流过程的开头,既是生产的终点,又是物流的始点。人们对包装概念的理解、应用,是随着社会生产的发展不断变化的。在现代物流观念形成以前,包装被理所当然地看成生产的终点,包装的设计往往主要从生产终结的要求出发,主要目的是保护商品,因而常常不能满足流通的要求。

2. 包装的功能

从包装的定义可以看出,包装具有以下三个方面的功能。

(1)保护商品。商品从生产、出厂到市场的过程中,一般要经过一系列的运输、装卸、仓储、陈列等环节,在此期间可能要经历不同的气候条件,承受各种冲击、振动、挤压等外力的作用。外界的影响因素如下:

外部自然环境因素的影响。例如,气温的升高或降低造成产品变质等;温度的变化导致包装容器强度降低、破损率升高;有害气体造成商品霉变。

外力因素的影响。例如,产品运输过程中剧烈的振动冲击;储存中的高层堆码使底层产品承载过重;产品在装卸、搬运过程中的意外跌落等外力作用,都可能损害商品的使用价值。

因此,包装要起到防止商品在流通过程中损坏的作用,使产品完好无损地到达消费者手中。

(2)方便储运。绝大多数商品只有在进行了合适的包装之后,才便于运输和储存,才便于仓库的堆码叠放。商品经过包装,特别是推行包装标准化,能够为商品的流转提供许多便利。同时,推行包装标准化能够提高仓库的利用率,提高运输工具的装载能力。

(3)促进销售。促进销售、提高市场竞争能力是销售包装的功能,而运输包装则对销售包装起到良好的保护作用。包装的销售功能是商品经济高度发展、市场竞争日益激烈的必然产物。在商品质量相同的条件下,精致、美观、大方的包装可以增强商品的美感,引起消费者注意,增加消费者的购买欲望和购买动机,从而产生购买行为,起到"无声推销员"的作用。

3. 包装的分类

随着技术的发展,包装的种类也越来越多,主要是针对不同包装物的特性,以及运输运载方式的不同而采用不同的包装方法。对于一种商品,同样的包装从不同的角度看,可以分成不同类型的包装。一般来说,包装的种类可以分成下列几种。

(1)按商品包装的内外层次分类。按商品包装的内外层次分,包装可分为内包装和外包装。内包装是商品的内层包装,在流通过程中主要起保护商品、方便使用、促进销售的作用。外包装是商品的外部包装,在流通过程中起保护商品、方便运输的作用。

(2)按运输、销售的角度分类。按运输、销售的角度分,包装可分为运输包装和销售包装。运输包装又称工业包装或外包装,是以运输、储存为主要目的的包装。它具有保障商品在运输中的安全,方便流通过程中的储运装卸,加速交接、点验等作用。销售包装又称商业包装,是以促进销售为主要目的的包装。销售包装的特点是外形美观,有必要的装潢,包装单位适合于客户的购买量以及商店陈设的要求。

(3)按包装容器的软硬程度分类。按包装容器的软硬程度分,包装可分为软包装和硬包装。软包装是在充填或取出内装物后,容器形状可发生变化的包装。该容器一般用纸纤维、塑料薄膜、铝箔、复合材料等制成。硬包装是在充填或取出内装物后,容器形状不发生变化的包装。该容器一般用金属、木材、玻璃、陶瓷、硬质塑料等制成。

(4)按包装容器的结构分类。按包装容器的结构分,包装可分为可折叠包装、可拆卸包装、可携带包装、局部包装、敞开包装、托盘包装和集合包装等。

(5)按包装的技术方法分类。按包装的技术方法分,包装可分为泡罩包装(吸塑包装)、贴体包装、收缩包装、真空包装、充气包装、透气包装、防水包装、防潮包装、防锈包装、防霉包装、防震包装、防尘包装、防辐射包装、防盗包装、防爆包装、防燃包装、防虫包装、隔热包装和轮廓包装等。

4. 包装保护技术

为了使包装的功能得到充分的发挥,除了选用合适的包装材料外,在进行包装时,还必须根据不同的包装物以及环境选择不同的包装技术。常见的包装技术主要有以下八种。

(1)缓冲包装技术。缓冲包装又称防震包装,是指为减缓内装物受到冲击和振动,保护其免受损坏所采取的防护措施。缓冲包装主要是利用缓冲作用,减少或避免被包装物品在装卸搬运、运输过程中受外界的冲击力、振动力等作用而造成的损伤和损失。对包装件来说,缓冲材料包括容器材料、固定材料、连接材料、封接材料等。缓冲包装主要有以下三种方法:

①全面缓冲。全面缓冲是指内装物和外包装之间全部用防震材料填满而进行防震的包装方法。

②部分缓冲。对于整体性好的产品和有内装容器的产品,仅在产品或内包装的拐角或局部使用防震材料进行衬垫即可。所用包装材料主要有泡沫塑料防震垫、充气型塑料薄膜防震垫和橡胶弹簧等。

③悬浮式缓冲。对于某些贵重易损的物品,为了有效地保证在流通过程中不被损坏,用绳、带、弹簧等将被装物悬吊在比较坚固的包装容器内。在物流过程中,无论什么操作环节,内装物都被稳定悬吊而不与包装容器发生碰撞,从而避逸损坏。

(2)防破损保护技术。缓冲包装有较强的防破损能力,因而是防破损包装技术中有效的一类。此外还可以采取以下三种防破损保护技术。

①捆扎及裹紧技术。捆扎及裹紧技术的作用是使杂货、散货形成一个牢固的整体,以增加整体性,便于处理及防止散堆,从而减少破损。

②集装技术。利用集装技术减少与货体的接触,从而防止破损。

③选择高强度保护材料。通过外包装材料的高强度来防止内装物受外力作用而破损。

(3)防锈包装技术。

①防锈油包装技术。大气锈蚀是空气中的氧、水蒸气及其他有害气体等作用于金属表面而引起电化学作用的结果。如果使金属表面与引起大气锈蚀的各种因素隔绝,就可以达到防止金属大气锈蚀的目的。防锈油包装技术就是根据这一原理将金属表面涂封防锈油以防止锈蚀。用防锈油封装金属制品,要求油层要有一定的厚度,油层的连续性好,涂层完整。

②气相防锈包装技术。气相防锈包装技术就是用气相缓蚀剂(挥发性缓蚀剂),在密封包装容器中对金属制品进行防锈处理的技术。气相缓蚀剂是一种能减慢或防止金属在侵蚀性介质中的破坏过程的物质,它在常温下具有挥发性。在密封包装容器中,气相缓蚀剂在很短的时间内挥发或升华出的缓蚀气体就能充满整个包装容器的每个角落和缝隙,同时吸附在金属制品的表面上,从而起到抑制大气对金属锈蚀的作用。

(4)防霉腐包装技术。在装运食品和其他有机碳水化合物等货物时,货物表面可能生长霉菌,在流通过程中如遇潮湿,霉菌生长繁殖极快,甚至生长至货物内部,使其腐烂、发霉、变质,因此,要采取特别防护措施。包装防霉烂变质的措施,通常采用冷冻包装、真空包装或高温灭菌方法。

①冷冻包装。冷冻包装的原理是减慢细菌活动和化学变化的过程,以延长储存期,但不能完全消除食品变质。

②真空包装法。真空包装法也称减压包装法或排气包装法。这种包装可阻挡外界的水汽进入包装容器内,也可防止在密闭的防潮包装内部存有潮湿空气,在气温下降时结露。

③高温灭菌法。高温灭菌法可消灭引起食品腐烂的微生物,可在包装过程中用高温处理防霉。

防止运输包装内货物发霉,还可使用防霉剂,防霉剂的种类很多,用于食品的防霉剂必须选用无毒防霉剂。对于机电产品的大型封闭箱,可酌情开设通风孔或通风窗等相应的防霉措施。

(5)防虫包装技术。防虫包装技术常用的是驱虫剂,即在包装中放入有一定毒性和臭味的药物,利用药物在包装中挥发气体来杀灭和驱除各种害虫。常用驱虫剂有萘、对位二氯化苯、樟脑精等。也可采用真空包装、充气包装、脱氧包装等技术，使害虫无生存环境，从而防止虫害。

(6) 危险品包装技术。危险品有上千种，交通运输及消防部门按其危险性质规定了十大类，即爆炸性物品、氧化剂、压缩气体和液化气体、自燃物品、遇水燃烧物品、易燃液体、易燃固体、毒害品、腐蚀性物品和放射性物品等，有些物品同时具有两种以上危险性能。

对有毒商品的包装，要明显地标明有毒的标志。防毒的主要措施是包装严密不漏、不透气。例如，重铬酸钾（红矾钾）和重铬酸钠为红色带透明结晶，有毒，应用坚固桶包装，桶口要严密不漏，制桶的铁板厚度不能小于1.2毫米。有机农药类的商品应装入沥青麻袋，缝口严密不漏。

对于易燃、易爆商品，如有强烈氧化性的、遇有微量不纯物或受热急剧分解而引起爆炸的产品，防爆炸包装的有效方法是采用塑料桶包装，然后将塑料桶装入铁桶或木箱中，每件净重不超过50千克，并应有自动放气的安全阀，当桶内达到一定气体压力时，能自动放气。

(7) 特种包装技术。

①充气包装。充气包装是一种采用二氧化碳气体或氮气等不活泼气体置换包装容器中空气的包装技术方法，也称为气体置换包装。这种包装方法是根据好氧性微生物需氧代谢的特性，在密封的包装容器中改变气体的组成成分，降低氧气的浓度，抑制微生物的生理活动、酶的活性和鲜活商品的呼吸强度，达到防霉、防腐和保鲜的目的。

②真空包装。真空包装是将物品装入气密性容器后，在容器封口之前将其抽成真空，使密封后的容器内基本没有空气的包装方法。一般的肉类商品、谷物加工商品以及某些容易氧化变质的商品都可以采用真空包装，真空包装不但可以避免或减少脂肪氧化，而且抑制了某些霉菌和细菌的生长。同时在对其进行加热杀菌时，由于容器内部气体已排除，因此，加速了热量的传导，提高了高温杀菌效率，避免了加热杀菌时由于气体的膨胀而使包装容器破裂。

③收缩包装。收缩包装就是用收缩薄膜裹包物品（或内包装件）的包装技术。收缩薄膜是一种经过特殊拉伸和冷却处理的聚乙烯薄膜，由于薄膜在定向拉伸时产生残余收缩应力，这种应力受到一定热量后便会消除，从而使其横向和纵向均发生急剧收缩，同时使薄膜的厚度增加，收缩率通常为30%～70%，收缩力在冷却阶段达到最大值，并能长期保持。

④拉伸包装。拉伸包装是20世纪70年代开始采用的一种新包装技术，它是由收缩包装发展而来的。拉伸包装是一种依靠机械装置在常温下将弹性薄膜围绕被包装件拉伸、紧裹，并在其末端进行封合的包装方法。由于拉伸包装不需要

进行加热,因此,消耗的能源只有收缩包装的1/20。拉伸包装可以捆包单件物品,也可用于托盘包装之类的集合包装。

⑤脱氧包装。脱氧包装是继真空包装和充气包装之后出现的一种新型除氧包装方法。脱氧包装是在密封的包装容器中,使用能与氧气发生化学作用的脱氧剂,从而除去包装容器中的氧气,达到保护内装物的目的。脱氧包装方法适用于某些对氧气特别敏感的物品,适用于那些即使有微量氧气也会使品质变坏的食品包装中。

(8)防潮包装技术。防潮包装是为了防止潮气侵入包装件,影响内装物质量而采取一定防护措施的包装。防潮包装设计就是防止水蒸气通过,或将水蒸气通过减少至最低限度。一定厚度和密度的包装材料可以阻隔水蒸气,其中金属和玻璃的阻隔性最佳,防潮性能较好;纸板结构松弛,阻隔性较差,但若在表面涂抹防潮材料,则会具有一定的防潮性能;塑料薄膜有一定的防潮性能,但它多由无间隙、均匀连续的孔穴组成,并在孔隙中扩散,造成其透湿特性。透湿强弱与塑料材料有关,特别是加工工艺、密度和厚度不同,其差异性较大。为了提高包装的防潮性能,可用涂布法、涂油法、涂蜡法、涂塑法等方法。

(9)集合包装。集合包装对于提高物流运作的效率具有非常重要的作用,所以,它是物流管理中的一项重要任务。该项技术的直接目的就是提高劳动生产率。集合包装就是将运输包装货物成组化,集装为具有一定体积、重量和形态的货物装载单元。集合包装包括托盘包装、滑板包装、无托盘(无滑板)包装。集合包装是以托盘、滑板为包装货物群体的基座垫板,或者利用包装货物堆垛形式,以收缩、拉伸薄膜紧固,构成具有采用机械作业叉孔的货物载荷单元。

按照标准订单数量包装货物有助于提高装运的生产率。例如,卷烟10包一条,50条一箱;啤酒12瓶一箱,订货时以箱为单位。由于集合包装可以将品种繁多、形状不一、体积各异、重量不等的单件包装成箱、桶、袋、包等,逐件以托盘或滑板组成集合装载单元,并采用各种材料和技术措施,使包装货件固定于垫板上,将垫板连同其所集装的包装货物载荷单元牢固地组合成集合包装整体,可以用叉车等机械进行装卸、搬运和实现集装单元化"门对门"运输,从而使包装方式与物流方式融合为一体,达到了物流领域集合包装与集装单元化输送方式的统一。

集合包装的体积一般为1立方米,重量为500~2000千克。有些货物,如木材、钢材集合包装重量为5000千克以上。以集装箱、桶、袋、捆、包,乃至筐、篓或具备单件运输包装的集合包装货物,包括食品、日用品、文教用品、药品、工业品、家用电器以及仪器、仪表、易碎品、危险品等。集合包装是现代化的包装方法,是包装货物物流合理化、科学化和现代化的方式之一,发展集合包装是世界各国包装货物运输的共同发展趋势。

第六节　供应链管理

任何社会中——工业化或非工业化，产品都必须从它们的生产地点运到消费地点。现代社会，交换过程是经济活动的基础。如果社会中的一个或多个个人和组织拥有过剩的产品，而这些产品又是其他人所需要的，即当可供产品和需求产品之间存在数量、类型、供应时间的差异时，交换的基础就产生了。当生产者和顾客之间发生交换时，那些将产品或服务带到市场上的企业所组成的序列就成为供应链、需求链或价值链。

一、供应链管理的产生与内涵

20世纪60年代，柔性制造系统（Flexible Manufacturing System，FMS）表明了企业工业化阶段的管理方式。20世纪70年代和80年代，计算机集成制造（Computer Integrated Manufacturing System，CIMS）、企业资源规划、制造资源计划等方式在企业管理过程中占重要的地位，直至20世纪90年代，一种新的企业管理系统方式即供应链产生了。与柔性制造系统、计算机集成制造、制造资源计划和企业资源规划等方式相比，供应链具有适应计算机网络技术，适应开放性经济、全球化等特点，因此，供应链在现代化企业管理中具有更强的生命力和发展前景。

从不同的视野，供应链管理有不同的定义。

首先，供应链管理是对供应链中的各种"流"的管理。供应链管理是指人们认识和掌握了供应链各环节的内在规律和相互联系的基础上，利用管理的计划、组织、指挥、协调、控制和激励职能，对产品生产和流通过程中各个环节所涉及的物流、信息流、资金流、价值流以及业务流进行的合理调控，以达到最佳组合，发挥最大的效益，并以最小的成本迅速为客户提供最大的附加值。供应链管理是对供应链所涉及组织的集成，以及对物流、信息流、资金流的协同，以满足用户的需求和提高供应链的整体竞争能力。也就是说，供应链管理就是优化和改进供应链的活动，供应链管理的对象是供应链的组织（企业）及其之间的"流"，应用的方法是集成和协同，目标是满足用户需求，最终提高供应链的整体竞争能力。

其次，供应链管理是一种战略管理。供应链管理强调核心企业与世界上最杰出的企业建立战略合作伙伴关系，委托这些企业完成一部分业务工作，而自己集中精力对各种资源进行重新设计，做好本企业能创造特殊价值、必须长期控制、比竞争对手更擅长的关键性业务工作。这样，可以极大地提高企业的竞争力和经济效益。因此，供应链管理是围绕着核心企业，与供应链中其他企业共同合作并参与共同管理的一种模式。核心企业要把供应链作为一个不可分割的整体,打破存在于采购、生产、分销和销售之间的障碍,做到供应链的统一和协调。

二、供应链管理的方法

1. 业务外包的概念

"Outsourcing"可译成"资源外包"或"业务外包"。它是一种管理策略,将一些传统的由企业内部负责的非核心业务较长时间地外包给专业的、高效的、固定的服务提供商。

企业在自身核心业务上集聚资源的同时,通过利用其他企业的资源来弥补自身的不足,从而变得更加具有竞争优势。供应链管理强调把主要精力放在企业的关键业务上,即企业核心竞争力上,充分发挥自身优势,注重企业核心竞争能力,强调根据企业的自身特点,专门从事某一领域、某一专门业务,在某一点形成自己的核心竞争力,这必然要求企业将其他非核心竞争力业务外包给其他企业。同时与全球范围内的合适企业建立战略合作关系,企业中非核心业务由合作企业完成,这就是所谓的业务外包。

业务外包主要包括以下几种方式:

(1)临时服务(Temporary Service)和临时工(Contract Labor)。

(2)子网(Subsidiary Networks)。

(3)与竞争者合作(Collaborative Relation with Competitor)。

(4)除核心竞争力之外的完全业务外包(Outsourcing All but the Core Advantage)。

(5)全球范围的业务外包(Global Outsourcing)。

(6)扩展企业(Extended Enterprise)。

2. 大规模定制

大规模定制是从20世纪盛行的两种生产模式(即单件定制和大规模生产)演化而来的。大规模生产是指对少量产品进行有效地大批量生产,生产效率高、产品品种少、质量高且价格相对较低。在单件定制模式中,工人技能高、灵活性强。大规模定制是为了降低成本,快速、高效地向顾客提供各种定制化的产品和服务,它同时具备了大规模生产和单件定制的优点。

3. 延迟策略

在用户需求多样化的今天,采用产品多样化的策略来满足用户的不同需求,而产品的多样化必然使代理仓库增加。为此提出了延迟策略,所谓供应链管理的延迟策略,是指尽量延迟产品的生产和最终产品的组装时间,也就是尽量延长产品的一般性,推迟其个性的实现时间。具体来说,延迟策略包括以下几种:

(1) 形式延迟策略。改变产品的基本结构,重新设计某些零部件或流程,使其标准化和简单化,突出共性,简化存货管理,使产品具有一致性、规模性的特点。

(2) 生产延迟策略。尽量保持产品在一个中性及雏形的状态,由各地的分销中心作最后的生产或组装工作。

(3) 物流延迟策略。在供应链中,产品的实物配送尽量被延迟,产品仅被储存在工厂的中心仓库中,利用直接配送方式将产成品送到零售商或顾客手中。

(4) 完全延迟策略。对于单一顾客特点需求的订单,直接由零售店送到生产工厂执行,并直接运送给顾客或零售商。顾客的定购点已移至生产流程阶段,生产和物流活动完全由订单驱动。

4. 快速反应

快速反应是指物流企业面对多品种、小批量的买方市场,不是储备产品,而是准备各种要素,在用户提出要求时能以最快的速度提取要素,及时组装,提供所需的服务或产品。快速反应是由美国纺织服装业发展起来的一种供应链管理方法,其目的是减少原材料到销售点的时间和整个供应链的库存,提高供应链管理的运作效率。零售商在应用快速反应系统后,可以带来以下积极作用:

(1) 销售额大幅度增加。应用快速反应系统可以降低经营成本,从而降低销售价格;随着商品库存风险减少,商品以低价定位,增加销售;能够避免缺货,从而避免销售机会损失;容易确定畅销商品,保证畅销商品的品种齐全,连续供应,增加销售。

(2) 商品周转率大幅度提高。应用快速反应系统可以减少商品的库存量并保证畅销商品的正常库存量,加快商品周转。

(3) 需求预测误差大幅度减少。应用快速反应系统可以及时获得销售信息,把握畅销商品和滞销商品,同时通过多频度小数量的送货方式,实现零售商需要时进货,这样可使需求预测误差减少到 10% 左右。

5. 高效客户反应

高效客户反应是以满足顾客要求和最大限度地降低物流过程费用为原则,及时作出准确反应,使提供的物品供应或服务流程最佳化,它的应用始于食品杂货分销系统。高效客户反应的最终目标是建立一个具有高效反应能力和以客户需求为基础的系统,使零售商和供应商以业务伙伴方式合作,提高整个食品杂货供应链的效率,从而大大降低整个系统的成本、库存和物资储备,同时为客户提供更好的服务。高效客户反应包括以下四大要素:

(1) 高效产品引进(Efficient Product Introductions)。通过采集和分享供应链伙伴间有效的、准确的购买数据,提高新产品的成功率。

(2) 高效商店品种(Efficient Store Assortment)。通过有效地利用店铺的空间和店内布局,最大限度地提高商品的盈利能力,如建立空间管理系统,有效地划分商品品种等。

(3)高效促销(Efficient Promotion)。通过简化分销商和供应商的贸易关系,使贸易和促销系统的效率最高,如消费者广告(优惠券)、贸易促销(远期购买、转移购买)等。

(4)高效补货(Efficient Replenishment)。从生产线到收银台,通过电子数据交换,以需求为导向的自动连续补货和计算机辅助订货等技术,使补货系统的时间和成本最优化,从而降低商品的售价。

通过高效客户反应,零售商无需签发订购单就可以实现订货,而供应商则可利用高效客户反应的连续补货技术,随时满足客户的补货需求,使零售商的存货保持在最优水平,从而提供高水平的客户服务,进一步加强与客户的关系。供应商可从商店的销售点数据中获得新的市场信息,从而改进销售策略。高效客户反应使分销商能够快速分拣、运输及包装,加快了订购货物的流动速度,提高了信誉,进而使消费者享用更新鲜的物品,增加了购物的便利性和选择性,加强了消费者对特定物品的偏好。

要实施高效客户反应,首先必须联合整个供应链所涉及的供应商、分销商以及零售商,改善供应链中的业务流程,使流程更加合理有效;然后再以较低的成本使这些业务流程自动化,进一步降低供应链的成本和时间。具体说来,实施高效客户反应需要将条码、扫描技术、货物售点系统和电子数据交换集成起来,在供应链之间建立一个无纸系统,确保产品能够不间断地由供应商流向最终用户,同时信息流能够在开放的供应链中循环流动,满足客户对产品和信息的需求,给客户提供最优质的产品和适时准确的信息。实施高效客户反应应遵循以下原则:一是不断致力于以较少的成本向供应链客户提供更优的产品、更高的质量、更好的品类、更好的库存服务和更多的便利服务。二是高效客户反应必须由相关的商业带头人启动,该商业带头人应通过代表共同利益的商业联盟取代旧式的贸易关系,以达到获利的目的。三是利用准确、适时的信息支持有效的市场、生产和后勤决策,这些信息以电子数据交换的方式在贸易伙伴间自由流动。四是产品必须处于不断增值的过程,从生产到包装,到流动到最终客户的全过程,确保客户能随时获得所需产品或服务。五是必须采用通用一致的作业措施和回报系统,该系统注重整个系统的有效性,清晰地标识出潜在的回报,促进对回报的公平分享。

高效客户反应的实施具体包括以下步骤:一是为变革创造氛围,改变对供应商或客户的认知,从敌对态度转变为同盟。二是选择初期高效客户反应的同盟伙伴,新实施高效客户反应的企业应成立 2~4 个初期同盟,来自各个职能区域的高级同盟代表应对高效客户反应的启动进行商讨。三是开发信息技术投资项目,以支持高效客户反应的实施,具有很强信息技术的企业比其他企业更具有实施高效客户反应的竞争优势。

6. 供应链的库存管理方法

(1)供应商管理库存。供应商管理库存是生产厂家等上游企业对零售商等下游企业的流通库存进行控制和管理,生产厂家通过基于零售商的销售等信息来判断零售商的库存是否需要补充,若需要补充,则自动地向本企业的物流中心发出发货指令,补充零售商的库存。国外有关学者认为供应商管理库存是一种在用户和供应商之间的合作性策略,对双方来说都是以最低的成本优化产品的可获得性,在一个相互同意的目标框架下由供应商来管理库存,这样的目标框架被经常性监督和修正,以产生一种连续改进的环境。

供应商管理库存广泛采用货物售点系统、计算机辅助订货以及连续补货计划等技术。在 EDI/Internet、ID 代码、条码、条码应用标识符以及连续补货程序支持下,将零售商向供应商发出订单的传统订货方法,变为供应商根据用户库存和销售信息决定商品的补给数量。为了快速响应用户的"降低库存"的要求,供应商通过同用户(分销商、批发商或零售商)建立合作伙伴关系,主动提高向用户交货的频率,使供应商从过去单纯执行用户的采购订单变为主动为用户分担补充库存的责任,在加快供应商响应用户需求速度的同时减少了用户的库存水平。

实施供应商管理库存策略,首先要改变订单的处理方式,建立基于标准的托付订单处理模式。由供应商和批发商一起确定供应商的订单业务处理过程所需要的信息和库存控制参数,建立一种订单的标准处理模式,如电子数据交换标准报文,并把订货、交货和票据处理各个业务功能集成在供应商一边。其次,库存状态透明性(对供应商)是实施供应商管理用户库存的关键,供应商能够随时跟踪和检查销售商的库存状态,从而快速地响应市场的需求变化,对企业的生产(供应)状态作出相应的调整。为此需要建立一种能够使供应商和用户(分销商、批发商)的库存信息系统透明连接的方法。

具体来说,供应商管理库存策略的实施包括以下步骤:

一是建立顾客情报信息系统。要有效地管理销售库存,供应商必须获得顾客的有关信息。通过建立顾客的信息库,供应商能够掌握需求变化的有关情况,把由批发商(分销商)进行的需求预测与分析功能集成到供应商的系统中。

二是建立销售网络管理系统。供应商要很好地管理库存,必须建立起完善的销售网络管理系统,保证自己的产品需求信息和物流畅通。因此,必须保证自己产品条码的可读性和唯一性;解决产品分类、编码的标准化问题;解决商品存储运输过程中的识别问题。目前,已有许多企业开始采用制造资源计划或企业资源规划系统,这些软件系统都集成了销售管理的功能,通过对这些功能的扩展,可以建立完善的销售网络管理系统。

三是建立供应商与分销商(批发商)的合作框架协议。供应商和销售商(批发商)通过协商,确定处理订单的业务流程以及控制库存的有关参数(如再订货点、最低库存水平等)、库存信息的传递方式(如电子数据交换或互联网等)等。

四是变革组织机构。供应商管理库存策略改变了供应商的组织模式,过去一般由会计经理处理与用户有关的事情,在引入供应商管理库存策略后,原订货部门产生了一个新的职能,即对用户库存的控制、库存补给和服务水平负责。

五是供应商管理库存的支持技术。积极采用先进技术,主要包括 EDI/Internet、ID 代码、条码、条码应用标识符、连续补给程序等。

(2)联合库存管理。供应商管理库存是一种供应链集成化运作的决策代理模式,它把用户的库存决策权委托给供应商,由供应商代理分销商或批发商行使库存决策的权力。联合库存管理则是一种风险分担的库存管理模式,联合库存管理的思想可以从分销中心的联合库存功能谈起。地区分销中心体现了一种简单的联合库存管理思想。传统的分销模式是分销商根据市场需求直接向工厂订货,比如汽车分销商(或批发商)根据用户对车型、款式、颜色、价格等的不同需求,向汽车制造厂订货,需要经过较长时间才能送达,因此,各个推销商不得不进行库存备货,这样大量的库存使推销商难以承受,以至于破产。采用分销中心后的销售方式,各个销售商只需要少量的库存,大量的库存由地区分销中心储备,也就是各个销售商把其库存的一部分交给地区分销中心负责,从而减轻各个销售商的库存压力。分销中心就起到了联合库存管理的功能,分销中心既是一个商品的联合库存中心,也是需求信息的交流与传递枢纽。

近年来,在供应链企业之间的合作关系中,更加强调双方的互利合作关系,联合库存管理就体现了战略供应商联盟的新型企业合作关系。联合库存管理是解决供应链系统中各节点企业的相互独立库存运作模式导致的需求放大现象,是一种提高供应链的同步化程度的有效方法。联合库存管理和供应商管理用户库存不同,它强调双方同时参与,共同制定库存计划,使供应链过程中的每个库存管理者(供应商、制造商、分销商)都从相互之间的协调性考虑,保持供应链相邻的两个节点之间的库存管理者对需求的预期一致,从而消除了需求变异放大现象。任何相邻节点需求的确定都是供需双方协调的结果,库存管理不再是各自为政的独立运作过程,而是供需连接的纽带和协调中心。

(3)多级库存控制。基于协调中心的联合库存管理是一种联邦式供应链库存管理策略,是对供应链的局部优化与控制,而要进行供应链的全局性优化与控制,则必须采用多级库存优化与控制方法。因此,多级库存的优化与控制是供应链资源的全局性优化。多级库存的优化与控制是在单级库存控制的基础上形成的,多级库存系统根据不同的配置方式,有串行系统、并行系统、组装系统、树形系统、无回路系统和一般系统等。供应链管理的目的是使整个供应链各个环节的库存最小,但是现行的企业库存管理模式是从单一企业内部角度去考虑库存问题,因而并不能使供应链整体达到最优。

多级库存控制有两种方法:一种是非中心化(分布式)策略,另一种是中心化(集中式)策略。非中心化策略是各个库存点采取各自的库存策略,这种策略在管理上比较简单,并不能保证产生整体的供应链优化,如果信息的共享度低,多数情况产生的是次优的结果,因此,非中心化策略需要更多信息共享。采用中心化策略,所有库存点的控制参数是同时决定的,考虑了各个库存点的相互关系,通过协调获得库存的优化。但是中心化策略在管理上的协调难度大,特别是供应链的层次比较多,即供应链的长度增加时,更增加了协调控制的难度。

7. 敏捷制造与虚拟组织

敏捷制造是企业在难以预测的持续和快速变化的竞争环境中谋求生存和发展,并扩大竞争优势的一种新的经营管理和生产组织模式。它强调通过联合来赢得竞争,强调通过产品制造、信息处理和现代通讯技术的集成来实现人力、知识、资金和设备的集中管理和优化利用。

敏捷制造包含了重要的含义。一是"精益生产"的思想,即企业按大批量生产方式组织生产时,把客户、销售代理商、供应商、协作单位等都纳入生产体系,企业同其销售代理、客户和供应商的关系已经不再是简单的业务往来关系,而是利益共享的合作伙伴关系,这种合作伙伴关系组成了一个企业的供应链,这是"精益生产"的核心思想。二是当市场发生变化,企业遇有特定的市场和产品需求时,企业的基本合作伙伴不一定能满足新产品开发生产的要求,这时,企业会组织一个由特定的供应商和销售渠道组成的短期或一次性供应链,形成"虚拟工厂",把供应和协作单位看成是企业的一个组成部分,运用"同步工程(Simultaneous Engineering,SE)"组织生产,用最短的时间将新产品打入市场,时刻保持产品的高质量、多样化和灵活性,这即是"敏捷制造"的核心思想。

8. 并行工程

并行工程是一种综合经营、工程和管理的哲理、指导思想、方法论和工作模式。美国国防分析研究所(Institute for Defense Analysis,IDA)在 R338 研究报告中把并行工程定义为对产品及其相关过程(包括制造过程和支持过程)进行并行、一体化设计的一种系统化的工作模式。这种模式力图使开发者从一开始就考虑到产品生命周期(从概念形成到产品报废)中的所有因素,包括质量、成本、进度与用户需求等。在纵向上,并行工程以产品为主线,使产品的设计、分析、制造、装配工程并行;而在横向上,并行工程同阶段的相关设计任务并行化。

【本章案例】

海尔现代物流管理案例

海尔集团是集科研、生产、贸易及金融等于一体的国家特大型企业。近年来,海尔在物流方面的成绩也越来越受到社会的关注。在对企业进行全方位再造的基础上,海尔建立了具有国际水平的自动化、智能化的现代物流体系,使企业的运营效益发生了奇迹般的变化,资金周转达到一年15次,实现了零库存、零运营成本和顾客的零距离,突破了构筑现代企业核心竞争力的瓶颈。

一、海尔现代物流从根本上重塑了企业的业务流程,真正实现了市场化程度最高的订单经济

海尔现代物流的起点是订单。企业把订单作为企业运行的驱动力,作为业务流程的源头,完全按订单组织采购、生产、销售等全部经营活动。从接到订单时起,就开始了采购、配送和分拨物流的同步流程,现代物流过程也就同时开始。由于物流技术和计算机管理的支撑,海尔物流通过三个JIT,即JIT采购、JIT配送和JIT分拨物流来实现同步流程,这样的运行速度为海尔赢得了源源不断的订单。海尔集团董事局主席、首席执行官张瑞敏认为,订单管理是企业建立现代物流的核心,通过实施JIT管理模式,采购周期减到3天,生产过程降到一周之内,产品一下线,中心城市8小时以内、辐射区域24小时以内、全国范围4天之内即能送达。加起来,海尔完成客户订单的全过程仅需10天,资金回笼一年15次,呆滞物资降低73.8%。

二、海尔现代物流从根本上改变了物品在企业的流通方式,基本实现了资本效率最大化的零库存

海尔改变了传统仓库的"蓄水池"状态,使之成为一条流动的"河"。海尔认为,提高物流效率的最高目的就是实现零库存,现在海尔的仓库已经不是传统意义上的仓库,它只是企业的一个配送中心,成了为下道工序配送暂时存放物资的场所。

建立现代化物流系统之前,海尔占用50多万平方米的仓库,费用开支很大。现在海尔建立的两座规模大、自动化水平高的现代化、智能化立体仓库,仅有2.54万平方米,使仓库使用面积大大降低。其中一座1.92万平方米的坐落于海尔开发区工业园中的仓库设置了1.8万个货位,满足了企业全部原材料和制成品配送的需求,其仓储功能相当于一个30万平方米的仓库。

这个立体仓库与海尔的商流、信息流、资金流、工作流联网,进行同步数据传输,采用世界上最先进的激光导引无人运输车系统、机器人技术、巷道堆垛机、通信传感技术等,整个仓库空无一人。自动堆垛机把原材料和制成品举上7层楼高的货位,自动穿梭车把货位上的货物搬下来,一一放在激光导引无人驾驶运输车上,运输车按照指令井然有序地把货物送到机器人面前,机器人叉起托盘,把货物装在外运的载重运输车上,运输车开向出库大门,至此仓库中物的流动过程结束。整个仓库使用了条形码技术、自动扫描技术和标准化的包装,实现了对物料的统一编码,没有一道环节会受影响。

三、海尔现代物流从根本上打破了企业自循环的封闭体系,建立了市场快速响应体系

面对日趋激烈的市场竞争,现代企业要占领市场份额,就必须以最快的速度满足终端消费者多样化的个性需求。因此,海尔建立了一整套对市场的快速响应系统。

一是建立网上订单管理平台。全部采购订单均由网上发出,供货商在网上查询库存,根据订单和库存情况及时补货。

二是建立网上支付系统。

三是建立网上招标竞价平台。供应商与海尔一同面对终端消费者,以最快的速度、最好的质量、最低的价格供应原材料,提高了产品的竞争力。

四是建立信息交流平台,供应商、销售商共享网上信息,保证了商流、物流、资金流通畅。

四、海尔现代物流从根本上扭转了企业以单体参与市场竞争的局面,使通过全球供应链参与国际竞争成为可能

海尔经历了三个发展战略阶段,第一阶段是品牌战略,第二阶段是多元化战略,第三阶段是国际化战略。在第三阶段,其战略创新的核心是从海尔的国际化到国际化的海尔,是建立全球供应链网络,支撑这个网络体系的是海尔的现代物流体系。

海尔在进行物流流程再造时,围绕建立强有力的全球供应链网络体系,采取了一系列的重大举措。一是优化供应商网络,将供应商由原有的2200多家优化到900家。二是扩大国际供应商的比重。三是就近发展供应商,海尔与已经进入和准备进入青岛海尔开发区工业园的19家国际供应商建立了供应链关系。四是请大型国际供应商以其高技术和新技术参与海尔产品的前端设计。供应商与海尔共同面对终端消费者,通过创造顾客价值使订单增值,形成了双赢的战略伙伴关系。

在抓上游供应商的同时,海尔还完善了面向消费者的配送体系,在全国建立了42个配送中心,每天按照订单向1550个专卖店、9000多个网点配送100多个品种、5万多台产品,形成了快速的产品分拨配送体系、备件配送体系和返回物流体系。与此同时,海尔与国家邮政总局、中远集团等企业合作,在国内调配车辆多达16000辆。

【案例分析】

本案例介绍了海尔现代物流的建设之路,海尔现代物流的流程再造使原来表现为固态的、静止的、僵硬的业务过程变成了动态的、活跃的和柔性的业务流程。海尔所谓的库存物品,实际上成了在物流中流动着的、被不断配送到下一个环节的"物"。海尔认为,21世纪的竞争不是单个企业之间的竞争,而是供应链与供应链之间的竞争。谁的供应链总成本低、对市场响应速度快,谁就能赢得市场。一手抓用户的需求,一手抓可以满足用户需求的全球供应链,这就是海尔物流创造的核心竞争力。

第四章　企业物流管理

企业物流管理作为企业管理的一个分支,是对企业内部的物流活动(诸如物资的采购、运输、配送、储备等)进行计划、组织、指挥、协调、控制和监督的活动。通过使物流功能达到最佳组合,在保证物流服务水平的前提下,实现企业物流成本最低化,这也是现代企业物流管理的根本任务所在。在现代电子商务环境下,很多企业的经营者并不与客户进行直接接触,而与最终客户直接接触并提供服务的往往是物流企业的配送人员,物流企业的物流水平以及物流管理模式在很大程度上决定着客户对企业的满意程度。因此,在电子商务背景下,企业必须更加重视物流管理模式的合理选取与优化。

第一节　企业物流

一、企业物流的内涵

1. 企业物流的定义

原材料从采购进厂,经过一道道工序加工成半成品,然后装配成成品,再经过分销配送渠道运至客户手中,自始至终都离不开物流活动。企业物流指生产和流通企业在经营活动中所发生的物品实体流动(GB/T 18354—2006),即物品从原材料供应,经过生产加工到产成品及其销售,以及伴随生产消费过程所产生的废弃物的回收和再利用的完整循环活动过程。企业物流是相对于社会物流而言的企业内部物流。

企业物流可分为生产企业物流和流通企业物流,这里主要讨论生产企业物流。生产企业物流是以购进生产所需要的原材料、设备为始点,经过劳动加工,形成新的产品,然后供应给供应链下游需求部门的全部物流过程。

2. 企业物流的分类

企业物流可区分为几个不同典型的具体物流活动:企业供应物流、企业生产物流、企业销售物流、企业回收物流、企业废弃物物流等。

(1)原材料及设备采购供应阶段的物流。这是企业为组织生产所需要的各种物资供应而进行的物流活动。它包括将采购物资送达本企业的企业外部物流和本企业仓库将物资送达生产线的企业内部物流,物资的采购与供应历来就是企业生产的重要前提。

(2)生产阶段的物流。生产阶段的物流是指企业按生产流程的要求,组织和安排物资在各生产环节之间进行的内部物流。生产阶段的物流合理化主要体现在三个方面:一是尽量缩短物资在厂内停留的时间,加快物资周转速度;二是确保生产过程物资损耗最小化;三是合理设计厂内搬运路线,减少无效劳动,使搬运效率最大化。

(3)销售阶段的物流。销售阶段的物流是企业为实现产品销售,组织产品送达用户或市场供应点的外部物流。对于双方互需产品的工厂企业,一方的销售物流便是另一方的外部供应物流。商品生产的目的在于销售,能否顺利实现销售物流是关系企业经营成果的大问题。销售物流对工业企业物流经济效果的影响很大,当成为企业物流研究和改进的重点。

(4)返品的回收物流。所谓返品的回收物流,是指由于产品本身的质量问题或用户因各种原因的拒收,而使产品返回原工厂或发生结点而形成的物流。

(5)废弃物物流。废弃物物流主要是指生产过程中的废旧物品,经过收集、分类、加工、处理、运输等环节,转化为新的生产要素的全部流动过程。废弃物物流又可分为废品回收物流和废弃物流两部分。废品回收物流是指生产中所产生的废旧物品经过回收、加工等环节,可转化为新的生产要素的流动过程;而废弃物流则是指不能回收利用的废弃物,只能通过销毁、填埋等方式予以处理的流通过程。

3. 企业物流的特征

(1)企业物流的主要功能要素是物料流转。企业生产物流的关键特征是物料流转,而物料流转的手段则是物料搬运。在企业生产中,物料流转贯穿于生产、加工制造过程的始终,因此,企业物流的主要功能要素是搬运活动。许多生产企业的生产过程实际上是物料不停搬运的过程,在该过程中,物料得到了加工,改变了形态。配送企业和批发企业的企业内部物流,实际上也是不断搬运过程,通过搬运,完成了分货、拣选、配货工作,完成了大改小、小集大的换装工作,从而使商品形成了可配送或可批发的形态。

(2)企业生产物流具有连续性。企业的生产物流活动不但充实、完善了企业生产过程中的作业活动,而且把整个生产企业所有孤立的作业点、作业区域有机地联系在一起,构成了一个连续不断的企业内部生产物流。

(3)企业物流成本具有二律背反性。"二律背反"主要是指企业各物流功能间或物流成本与服务水平之间的矛盾。企业物流管理肩负着降低企业物流成本和提高服务水平两大任务,这是一对相互矛盾的对立关系。因此,企业物流合理化需要用企业总成本评价,这也反映出企业物流成本管理的"二律背反"特征及企业物流是整体概念的重要性。

二、企业物流管理的内容

企业物流管理的内容可从不同的角度进行理解,如物流活动要素、物流系统要素以及物流活动具体职能等。

1. 对物流活动诸要素的管理

从对物流活动诸要素的管理看,企业物流管理的内容有:

(1)运输管理。运输管理的主要内容包括运输方式的选择、运输路线的制定、运输车辆的调度与组织等。

(2)储存管理。储存管理的主要内容包括原料、半产品和成品的储存策略及库存的管控和养护等。

(3)装卸搬运管理。装卸搬运管理的主要内容包括装卸搬运系统的设计、设备的规划与配置、装卸搬运作业组织等。

(4)包装管理。包装管理的主要内容包括包装容器和包装材料的选择与设计、包装技术和方法的选择与改进、包装系列化、标准化、自动化等。

(5)流通加工管理。流通加工管理的主要内容包括加工场所的选择、加工机械的配置、加工技术与方法的研究和改进、加工作业流程的制订与优化。

(6)配送管理。配送管理的主要内容包括配送中心选址及优化布局、配送机械的合理配置与调度、配送作业流程的制订与优化。

(7)物流信息管理。物流信息管理主要指对反映物流活动内容的信息如物流要求的信息、物流作用的信息和物流特点的信息进行的收集、加工、处理、存储和传输等。

(8)客户服务管理。客户服务管理主要指对与物流活动相关的服务的组织和监督,例如,调查和分析顾客对物流活动的反应,决定顾客所需要的服务水平、服务项目等。

2. 对物流系统诸要素的管理

从物流系统的角度看,企业物流管理的内容有:

(1)人的管理。人是物流系统和物流活动中最活跃的因素。人的管理包括物流从业人员的选拔和录用、物流专业人才的培训与技能的提高、物流教育和物流人才培养规划的制定等。

(2)物的管理。物指的是物流活动的客体,即物质资料实体。物的管理贯穿于物流活动的始终,它涉及物流活动的诸要素,即物的运输、储存、包装、流通加工等。

(3)资金的管理。资金的管理主要指物流管理中有关降低物流成本、提高经济效益等方面的内容,它是物流管理的出发点,也是物流管理的归宿。其主要内容有物流成本的计算与控制、物流经济效益指标体系的建立、资金的筹措与运用、提高经济效益的方法等。

(4)设备的管理。设备的管理主要指与物流设备管理有关的各项内容,主要包括各种物流设备的选型与优化配置、设备的合理使用和更新改造,以及设备的研制、开发与引进等。

(5)方法的管理。方法的管理主要包括各种物流技术的研究、推广普及,物流科学研究工作的组织与开展,新技术的推广普及,现代管理方法的应用等。

(6)信息的管理。信息是物流系统的神经中枢,只有做到有效地处理并及时传输物流信息,才能对系统内部的人、财、物、设备和方法五个要素进行有效的管理。

3. 对物流活动中具体职能的管理

物流活动从职能上划分,主要包括物流计划管理、物流质量管理、物流技术管理和物流经济管理等。

(1)物流计划管理。物流计划管理是指对物质生产、分配、交换、流通整个过程的计划管理,也就是在物流系统大计划管理的约束下,对物流过程中的每个环节进行科学的计划管理,具体体现在物流系统内各种计划的编制、执行、修正及监督的整个过程中。物流计划管理是物流管理工作的首要职能。

(2)物流质量管理。物流质量管理包括物流服务质量、物流工作质量、物流工程质量等方面的管理。物流质量的提高意味着物流管理水平的提高,意味着企业竞争力的提高。因此,物流质量管理是物流管理工作的核心。

(3)物流技术管理。物流技术管理包括物流硬技术管理和物流软技术管理。对物流硬技术进行管理就是对物流基础设施和物流设备的管理。例如,物流设施的规划、维修和运用,物流设备的购置、安装、使用、维修和更新,提高设备的利用效率,日常工具的管理工作等。对物流软技术进行管理,主要包括各种物流专业技术的开发、推广和引进,物流作业流程的制订,技术情报和技术文件的管理,物流技术人员的培训等。物流技术管理是物流管理工作的依托。

(4)物流经济管理。物流经济管理包括物流费用的计算和控制、物流劳务价格的确定和管理、物流活动的经济核算和分析等。

三、生产企业物流管理的主要方法与技术

1. 准时生产

准时生产方式(Just In Time,JIT)又称无库存生产方式(Stockless Production)、零库存(Zero Inventories)或超级市场生产方式(Supermarket Production),是指一种将必要的零部件以必要的数量在必要的时间内送到生产线上的生产组织方式,由日本丰田汽车公司在20世纪60年代首创。

准时生产方式以准时生产为出发点,首先暴露出生产过量和其他方面的浪费,然后对设备、人员等进行淘汰、调整,达到降低成本、简化计划和提高控制的目的。准时生产方式的基本思想可概括为:在必要的时间,按必要的数量,生产必要的产品。也就是通过生产的计划和控制及库存的管理,设计一种无库存或库存达到最小的生产系统。准时生产方式的核心是追求一种无库存的生产系统,或使库存达到最小的生产系统。为此开发了包括"看板"在内的一系列具体方法,并逐渐形成了一套独具特色的生产经营体系。

2. 精益生产

精益生产方式(Lean Production,LP)是美国在全面研究以 JIT 生产方式为代表的日本式生产方式在西方发达国家以及发展中国家应用情况的基础上,于1990 年提出的一种较完整的生产经营管理理论。

精益生产方式就是运用多种现代管理方法和手段,以社会需要为依据,以充分发挥人的积极性为根本,有效配置和合理使用企业资源,以彻底消除无效劳动和浪费为目标,最大限度地为企业谋取经济效益的一种生产方式。精益生产的基本原理就是消除一切浪费,追求精益求精和不断改善。精益生产方式除了准时化生产和看板管理外,主要还有拉动式生产、U 形生产线、"一个流"生产、全面质量管理等工具。

3. 敏捷制造

敏捷制造(Agile Manufacturing,AM)是由美国通用汽车公司和里海大学的艾科卡(Iacocca)研究所联合研究,于 1991 年首次提出来的。1990 年向社会公开以后立即受到世界各国的重视,1992 年美国政府将这种全新的制造模式作为 21 世纪制造企业的战略。

美国机械工程师学会(American Society of Mechanical Engineers,ASME)主办的《机械工程》杂志 1994 年期刊中,对敏捷制造作了如下定义:敏捷制造就是指制造系统在满足低成本和高质量的同时,对变幻莫测的市场需求的快速反应。

推行敏捷制造的企业,其敏捷能力表现在以下四个方面:

(1)反应能力,判断和预见市场变化并对其快速地作出反应的能力。

(2)竞争力,企业获得一定生产力、效率和有效参与竞争所需的技能。

(3)柔性,以同样的设备与人员生产不同产品或实现不同目标的能力。

(4)快速,以最短的时间执行任务(如产品开发、制造、供货等)的能力。

同时,这种敏捷性应当体现在不同的层次上,一是企业策略上的敏捷性,企业针对竞争规则及手段的变化、新的竞争对手的出现、国家政策法规的变化、社会形态的变化等作出快速反应的能力;二是企业日常运行的敏捷性,企业对影响其日常运行的各种变化,如用户对产品规格、配置及售后服务要求的变化,用户订货量和供货时间的变化,原料供货出现问题、设备出现故障等作出快速反应的能力。

4. 最优生产技术

最优生产技术(Optimized Production Technology,OPT)作为一种新的生产方式,吸收了 MRP 和 JIT 的优点,其独特之处在于提供了一种新的管理思想。即从系统生产效率最薄弱的环节出发,辨识出制约系统生产效率的瓶颈资源,并围绕瓶颈资源制订生产计划,使瓶颈资源满负荷工作,系统产出率达到最大。

OPT 的基本思想是通过分析生产现场出现的瓶颈现象,以及装夹时间、批量、优先级、随机因素对生产的影响,改善生产现场管理,达到增加产量、减少库存、降低消耗、取得最佳经济效益的目的。所谓瓶颈资源(或瓶颈),指的是实际生产能力小于或等于生产负荷的资源,这一类资源限制了整个企业生产的产出率。

5. 大规模定制

1970 年,美国未来学家阿尔文·托夫(Alvin Toffler)在《Future Shock》一书中提出了一种全新的生产方式的设想:以类似于标准化和大规模生产的成本和时间,提供给客户特定需求的产品和服务。

我国学者认为,大规模定制(Mass Customization,MC)是一种集企业、客户、供应商、员工和环境于一体,在系统思想指导下,用整体优化的观点,充分利用企业已有的各种资源,在标准技术、现代设计方法、信息技术和先进制造技术的支持下,根据客户的个性化需求,以大批量生产的低成本、高质量和高效率提供定制产品和服务的生产方式。

大规模定制模式要求将产品模块化,按照客户的要求,为其提供唯一的模块组合。例如,20 世纪 90 年代摩托罗拉公司,为了占据市场的领先位置,率先在企业中实行大规模定制,他们开发了一个全自动制造系统,在全国各地的销售代表用笔记本电脑签下订单的一个半小时之内,就可以制造出 2900 万种不同组合的寻呼机中的任何一种。这种方式彻底改变了竞争的本质,摩托罗拉成为美国仅存的寻呼机制造商,占有全世界市场份额的 40% 以上。

6. 库存存货管理方法

企业为了保证采购和生产的连续性、均衡性,需要有一定的库存。对库存进行有效的管理和控制,首先要对存货进行分类,常用的方法有 ABC 分类法和 CVA 分类法。

(1) ABC 分类法。ABC 分类法又称重点管理法或 ABC 分析法。它是一种从名目众多、错综复杂的客观事物或经济现象中,通过分析,找出主次,分类排队,并根据其不同情况分别加以管理的方法。该方法是根据巴雷特曲线所揭示的"关键的少数和次要的多数"的规律在管理中加以应用的。

(2) CVA 分类法。由于 ABC 分类法的不足之处通常表现为 C 类货物得不到应有的重视,而 C 类货物的出错往往也会导致整个装配线停工,因此,有些企业在库存管理中引入了关键因素分析法(Critical Value Analysis,CVA)。

CVA 的基本思想是把存货按照关键性分成四类,即:

①最高优先级。这是经营的关键性物资,不允许缺货。

②较高优先级。这是指经营活动中的基础性物资,允许偶尔缺货。

③中等优先级。这多属于比较重要的物资,允许合理范围内缺货。

④较低优先级。这是经营中需用的物资,但可替代性高,允许缺货。

表 4-1 列示了按 CVA 库存管理法所划分的库存种类及其管理策略。

表 4-1 CVA 分类法库存种类及其管理策略

库存类型	特点	管理措施
最高优先级	生产经营中的关键物品,或 A 类重点客户的存货	不许缺货
较高优先级	生产经营中的基础性物品,或 B 类客户的存货	允许偶尔缺货
中等优先级	生产经营中比较重要的物品,或 C 类客户的存货	允许合理范围内缺货
较低优先级	生产经营中需要,但可替代的物品	允许缺货

CVA 分类法比 ABC 分类法具有更强的目的性。人们在使用中都往往倾向于制订高的优先级,结果高优先级的物资种类很多,导致哪种物资都得不到应有的重视。CVA 分类法和 ABC 分析法结合使用,可以达到分清主次、抓住关键环节的目的。在对成千上万种物资进行优先级分类时,不得不借用 ABC 分类法进行归类。

7. 企业资源计划

企业资源计划(Enterprise Resource Planning,ERP)的概念产生于 20 世纪末期,其核心思想是供应链管理。它跳出了传统企业边界,从供应链范围去优化企业资源,是基于网络的新一代信息系统。ERP 是将企业内外部资源整合在一起,对采购、生产、成本、库存、分销、运输、财务、人力资源等进行规划,达到最佳资源组合,从而取得最佳效益。在 ERP 技术条件下,生产物流计划和控制与其他业务活动的联系更加紧密,集成性更高。ERP 系统下的物流管理思想经历了三个发展阶段:物料需求计划(Material Requirements Planning,MRP)阶段、制造资源计划(Manufacturing Resource Planning,MRPⅡ)阶段和 ERP 阶段。

8. 分销需求计划

分销需求计划(Distribution Requirement Planning,DRP)是流通领域中的一种物流技术,是 MRP 在流通领域应用的直接结果。分销需求计划是把 MRP 的原则和技术推广到最终产品的存储和运输领域。DRP 从最终用户的需求量开始(这是一种独立需求),向生产企业倒推,建立一个经济的、可行的系统化计划,来满足用户需求。

DRP可以在两类企业中得到应用。一类是流通企业,如储运公司、配送中心、物流中心、流通中心等。这些企业的基本特征是:不一定搞销售,但一定有储存和运输的业务。它们的目标是在满足用户需要的原则下,追求有效利用资源(如车辆等),达到总费用最省。另一类是一部分较大型的生产企业,这类企业拥有自己的销售网络和储运设施,既搞生产又搞流通,产品全部或一部分由自己销售。企业中由流通部门承担分销业务,具体组织储、运、销活动。这两类企业的共同之处是:以满足社会需求为宗旨;依靠一定的物流能力(储运、包装、装卸搬运能力等)来满足社会需求;从生产企业或物资资源市场组织物资资源。DRP的原理如图4-1所示。

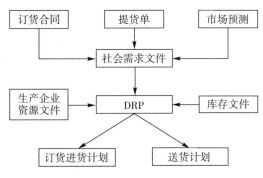

图4-1 DRP的原理示意图

DRP增加了物流能力计划,形成了一个集成的、闭环式的物资资源配置系统,使需求计划得到发展。DRP是一个自我适应、自我发展的闭环系统,增加了车辆管理、仓储管理、物流能力计划、物流优化辅助决策系统和成本核算系统,对物资进、销、存有更合理的配置,优化了管理和决策系统。

四、电子商务下的企业物流

电子商务时代的来临,给全球物流业带来了新的发展。电子商务的快速发展带动了物流业的快速进步,促进了物流的信息化和功能化;而物流又支撑着电子商务的发展,物流是商品抵达消费者面前的"最后一公里"。因而,在电子商务时代,物流具备了一系列新特点。

(1)信息化。电子商务时代,物流信息化是电子商务的必然要求。物流信息化表现为物流信息的商品化、物流信息搜集的数据库化和代码化、物流信息处理的电子化和计算机化、物流信息传递的标准化和实时化、物流信息存储的数字化等。

(2)自动化。现代物流自动化的设施非常多,如条码/语音/射频自动识别系统、自动分拣系统、自动存取系统、自动导向车、货物自动跟踪系统等。

(3)网络化。网络化有两层含义:一是物流配送系统的计算机通信网络,包括物流配送中心与供应商或制造商的联系要通过计算机网络,另外与下游顾客之间的联系也要通过计算机网络,物流配送中心通过计算机网络收集下游客户订货的过程也可以自动完成;二是组织的网络化,即所谓的组织内部网(Intranet)。

(4)智能化。这是物流自动化、信息化的一种高层次应用。物流作业过程中大量的运筹和决策,如库存水平的确定、运输(搬运)路径的选择、自动导向车的运行轨迹和作业控制、自动分拣机的运行、物流配送中心经营管理的决策支持等,都需要借助于大量的知识。在物流自动化的进程中,物流智能化是不可回避的技术难题。为了提高物流现代化的水平,物流的智能化已成为电子商务环境下物流发展的一个新趋势。

(5)柔性化。柔性化本来是为实现"以顾客为中心"理念而在生产领域提出的,即能够根据消费者需求的变化来灵活调节生产工艺。柔性化概念和技术的实质是将生产、流通进行集成,根据需求端的需求组织生产,安排物流活动。因此,柔性化的物流正是适应生产、流通与消费的需求而发展起来的一种新型物流模式。这就要求物流配送中心要根据消费需求"多品种、小批量、多批次、短周期"的特色,灵活组织和实施物流作业。

另外,物流设施、商品包装的标准化和物流的社会化、共同化也都是电子商务环境下物流模式的新特点。

1. 亚马逊物流

亚马逊成立于1995年,是全球最大的B2C电商平台,2017年营收达到1778.66亿美元,在2018年世界500强企业中排名第18。亚马逊作为一家全球性电商平台,还建立了优秀的亚马逊物流系统。事实上,亚马逊的成功也正是得益于其在物流上的成功。

2014年,亚马逊为客户提供免费送货(包含快速Prime交付)的成本超过了42亿美元,占其净销售额的近5%,为了降低运营成本和对外部供应商的依赖性,亚马逊开始扩大自己的物流配送系统。亚马逊开始转变其商城包裹外包给第三方物流配送的方式,大规模建设自己的物流。亚马逊起初仅做干线运输,包裹只能配送到末端站点,最后一公里仍由第三方快递进行派送。2015年,亚马逊开始全面扩大其在末端交付方面的业务,开始送货上门,提供每周7天的物流配送服务,弥补快递公司周末不派送的缺陷。

当前,亚马逊物流系统中拥有7000辆牵引卡车和40架大型喷气式飞机,往返于其在世界各地的125个物流中心,进行包裹运送。目前,亚马逊在北美拥有75个物流中心和25个分拣中心,雇佣了12.5万名全职员工。此外,年末购物旺季期间,还会雇佣12万名临时工人,处理物流和仓储工作。

亚马逊正在建立全球航运和物流业务,在全球多个国家布局仓储和物流中心之外，还购置大量的运输车辆，投资航运，租赁航班，完善其运力网络。

亚马逊自称运输服务商，这势必会影响其他运输服务商 FedEx、UPS 和 DHL 的业务。虽然其对外宣称只是作为三大国际快递和各国邮政的服务补充，但其雄心似乎比大多数人想象得要大得多，未来将形成亚马逊自己的全球物流帝国。

2. 京东物流

在国内，与亚马逊最为相似的就是京东，不但平台的商业模式类似，甚至在物流服务上也极为类同，甚至可将京东称之为中国的亚马逊。

京东以 3C 数码起家，线上销售自营产品，逐步发展成为国内第二大的 B2C 交易平台。我国的 B2C 企业各有其特点——淘宝以电商平台为核心，凡客以货源品牌为核心，当当以先发优势为核心，卓越以 IT 系统数据分析为核心，而京东商城则以仓储配送为核心。一直以来，京东商城不断地向物流中投入巨资，京东商城的物流模式主要有两种：自建物流体系、自建体系与第三方物流相结合。

京东 CEO 刘强东曾说："电子商务离不开 B2C 物流体系。京东商城先走了一步。其他公司一天没有，我们就有一天的优势。"

随着全国仓储布局、运力系统的完善，京东物流逐步形成了供应链＋快递配送＋物流云为一体的物流配送体系。截至 2017 年末，京东物流共运营 486 个大型仓库，总面积约 1000 万平方米。京东目前正在搭建自己的共建车队，计划逐步减少自有车辆，通过引进更多专业的社会资源，实现资源整合，打造一个轻资产运营模式高效率的运输车队。

京东物流通过智能化布局的仓配物流网络，现可为商家提供仓储、运输、配送、客服、售后的正逆向一体化供应链解决方案，快递、快运、大件、冷链、跨境、客服、售后等全方位的物流产品和服务，以及物流云、物流科技、物流数据、云仓等物流科技产品。京东成为了拥有中小件、大件、冷链、B2B、跨境和众包（达达）六大物流网络的企业。

3. 菜鸟驿站

目前，我国电子商务物流"最后一公里"配送问题已经成为电子商务发展的瓶颈。阿里巴巴集团为改善现状，提出"菜鸟驿站"的项目，从而有效地解决了这个瓶颈问题。菜鸟驿站的出现，是对现有的物流模式的有机补充，使物流企业在完善物流配套体系、保障消费者利益的同时能够有效降低配送成本。

菜鸟驿站是一个由菜鸟网络牵头建立的面向社区和校园的物流服务网络平台。它作为菜鸟网络五大战略方向之一，为网购用户提供包裹代收服务，致力于为消费者提供多元化的"最后一公里"服务。

目前，在末端配送网络建设上，超过 4 万个菜鸟驿站构成菜鸟网络的城市末端网络。菜鸟网络正努力建设遍布全国的开放式、社会化物流基础设施，建立一张能支撑日均300亿(年度约10万亿)网络零售额的智能骨干网络。

菜鸟网络方面表示,中国智能骨干网要在物流的基础上搭建一套开放、共享、社会化的基础设施平台。据悉,中国智能骨干网体系将通过自建、共建、合作、改造等模式,在全国范围内形成一套开放的社会化仓储设施网络。

2018年6月,阿里巴巴集团创始人马云在2018全球智慧物流峰会上代表菜鸟网络宣布,未来智慧物流将实现国内24小时必达、国际72小时必达。

第二节　第三方物流与第四方物流

一、第三方物流

1. 第三方物流的内涵

第三方物流(Third Party Logistics,3PL)的"第三方"是相对于"第一方"发货人和"第二方"收货人而言的,它是由第三方物流企业来承担企业物流活动的一种物流形态。

第三方物流也被称为委外物流或合约物流,具体是指一个具有实质性资产的企业公司对其他公司提供物流相关服务,如运输、仓储、存货管理、订单管理、资讯整合及附加价值等服务,或与相关物流服务的行业从业者合作,提供更完整服务的专业物流公司。

根据国家标准《物流术语》,第三方物流是指独立于供需双方,为客户提供专项或全面的物流系统设计或系统运营的物流服务模式。因此,第三方物流是介于供应商和制造企业之间的,或者是介于供应商与零售商之间的,处于流通的中间环节,即它是处于供应方和需求方之间的连接纽带,为供应方提供运输、配送、保管等物流服务,为需求方提供运输的物流服务。

2. 第三方物流企业的分类

根据不同的标准,第三方物流企业可以划分为不同的类型。

按照第三方物流企业完成的物流业务范围的大小和所承担的物流功能,可将物流企业分为功能性物流企业和综合性物流企业。

(1)功能性物流企业(也称单一物流企业)是指那些仅承担完成某一项或少数几项物流功能的物流企业,可进一步分为运输企业、仓储企业、流通加工企业等。

(2)综合性物流企业是指那些能完成和承担多项或全部物流功能的企业,这些企业一般规模较大、资金雄厚,并且有着良好的物流服务信誉。

按照第三方物流企业是自行完成和承担物流业务,还是委托他人进行操作,还可将物流企业分为物流运营企业与物流代理企业。

(1)物流运营企业是指实际承担大部分物流业务的企业,它们可能有大量的物流环境和设备支持物流运作,如配送中心、自动化仓库、交通工具等。

(2)物流代理企业是指接受物流需求方的委托,运用自己的物流专业知识、管理经验,为客户指定最优化的物流路线,选择最合适的运输工具等,最终由物流运营企业承担具体的物流业务。物流代理企业还可以按照物流业务代理的范围,分为综合性物流代理企业和功能性物流代理企业。功能性物流代理企业包括运输代理企业(货代公司)、仓储代理公司(仓代公司)和流通加工代理企业等。

按照第三方物流业务角度,可将物流企业分为运输服务、仓储服务、特别服务、国际互联网服务和技术服务。

(1)第三方物流运输服务所包含的主要内容由汽车运输、专一承运、多式联运、水运、铁路运输、包裹、设备、司机、车队等。

(2)第三方物流仓储服务包括入库、上门收货服务、包装/次级组装、完善分货管理、存货及管理、位置服务等。

(3)第三方物流特别服务包括冷链物流、直接配送到商店、进/出口海关、ISO认证、直接送货到家等。

(4)第三方物流国际互联网服务包括搜索跟踪、电子商务、电子执行、通信管理、电子供应链等。

(5)第三方物流的技术服务包括 GIS 技术、GPS 技术、EDI 技术、条码技术、RFID 技术等。

3. 第三方物流的特征

(1)关系合同化。首先,第三方物流是通过契约形式来规范物流经营者与物流消费者之间的关系,也就是物流需求企业与第三方物流企业要签订业务合同。物流经营者根据合同内容,提供相应的物流服务,并以合同来管理所有提供的物流服务活动及其过程。其次,第三方物流发展物流联盟也是通过合同的形式来明确各物流联盟参加者之间权责利相互关系。

(2)服务个性化。为满足不同物流消费者的物流服务需求,第三方物流企业需要根据不同物流消费者在企业形象、业务流程、产品特征、顾客需求特征、竞争需要等方面的不同要求,提供针对性强的个性化物流服务和增值服务。

(3)功能专业化。第三方物流所提供的是专业的物流服务。从物流设计、物流操作过程、物流技术工具、物流设施到物流管理,必须体现专门化和专业水平,这既是物流消费者的需要,也是第三方物流自身发展的基本要求。

(4)管理系统化。第三方物流应具有系统的物流功能,这是第三方物流产生和发展的基本要求。第三方物流需要建立现代管理系统,才能满足运行和发展的基本要求。

(5)信息网络化。信息技术是第三方物流发展的基础。物流服务过程中,信息技术发展实现了信息实时共享,促进了物流管理的科学化,极大地提高了物流效率和物流效益。

4. 第三方物流的运作模式

(1)传统外包型物流运作模式。传统外包型物流运作模式是一种简单、普通的物流运作模式,即第三方物流企业独立承包一家或多家客户企业的部分或全部物流业务的一种运作模式。目前,我国多数第三方物流企业采用这种模式。

这种模式对于客户企业来说,企业外包物流业务降低了库存,甚至可以达到"零库存"状态,大大节约了物流成本,还可以精简部门、集中资金,将设备用于核心业务,从而提高企业自身的竞争力。同时,第三方物流企业各自以契约形式与客户形成长期合作关系,保证了自己稳定的业务量,避免了设备闲置。

这种模式往往以客户企业也就是生产商或经销商为中心,第三方物流企业几乎不需专门添置设备和业务训练,管理过程简单,只完成承包服务,不介入企业的生产和销售计划。也正是如此,在这种模式下,第三方物流企业与客户企业之间缺少应有的协作,不能实现更大范围的资源优化,导致客户企业与第三方物流企业之间缺少沟通的信息平台,造成企业生产的盲目、运力的浪费或不足、库存结构不合理等不良结果。

(2)战略联盟型物流运作模式。这种模式是第三方物流包括运输、仓储、信息经营者等以契约形式结成战略联盟,实现内部信息共享和信息交流,相互间协作形成第三方物流网络系统(联盟可包括多家同地和异地的各类运输企业、场站、仓储经营者)。目前,我国的一些电子商务网站普遍采用这种模式。

与传统外包型物流运作模式相比,战略联盟型物流运作模式有所改进表现在两方面:一是系统中加入了信息平台,实现了信息共享和信息交流,各单项实体以信息为指导制定营运计划,在联盟内部优化资源。同时信息平台可作为交易系统,完成产销双方的订单和对第三方物流服务的预订购买。二是联盟内部各实体实行协作,某些票据在联盟内部通用,可减少中间手续,提高效率,使供应链衔接更顺畅。例如,联盟内部经营各种方式的运输企业进行合作,实现多式联运,一票到底,大大节约运输成本。

当然这种模式也存在一定的不足:联盟成员之间是实行独立核算的合作伙伴关系,因此,在彼此利益不一致的情况下要实现资源在更大范围内的优化,难免会存在一定的局限性。例如,A 地某运输企业运送一批货物到 B 地,而 B 地恰有一批货物运往 A 地,为减少空驶率,B 地承包这项业务的某运输企业应转包这次运输,但 A、B 两家在利益协调上也许很难达成共识。

(3)综合物流运作模式。这是一种组建综合物流公司或集团的模式。这种综合物流公司具有仓储、运输、配送、信息处理和一些其他物流辅助功能,包括包装、装卸、流通加工等。采用这种模式的第三方物流企业往往具有很强的实力,同时拥有发达的网络体系。综合物流公司大大扩展了物流服务范围,对上家生产商可提供产品代理、管理服务和原材料供应,对下家经销商可全权代理为其配货、送货业务,可同时完成商流、信息流、资金流、物流的传递。综合物流是第三方物流发展的趋势,配送中心则是其中的典型体现。

目前,国际知名的美国联邦速递、日本佐川宅急便等第三方物流企业,国内专业化的中国储运公司、中外运公司、EMS 等第三方物流企业都已在不同程度上进行了综合物流代理运作模式的探索与实践。

企业实施综合物流项目必须进行整体网络设计,其中信息中心的系统设计和功能设计以及设施的选址流程设计都是非常重要的问题。其物流信息系统基本功能应包括信息采集、信息处理、信息调控和信息管理,物流系统的信息交换目前主要利用 EDI、无线电和 Internet。Internet 因为其成本较低(相对于 EDI 技术)、信息量大,已成为物流信息平台的发展趋势。

综合物流组建方式有多种渠道,目前我国正处在探索阶段,值得注意的是在发展过程中要避免重复建设及资源浪费等。根据我国目前的现状,有如下三种方案:一是由某一项目发展商投资新建或改建自己原有设备,完善综合物流设施,组织执行综合物流各功能的业务部门。这种方案非常适合迫切需要转型的大型运输、仓储企业,可充分利用原有资源,凭借原有专项实力,具有较强的竞争力;二是项目发展商收购一些小的仓储、运输企业以及一部分生产、销售企业原有的自备车辆和仓库,对其进行整编改造。据统计,企业自备车辆和仓库占总体物流设施的一半左右,如果能够对这一部分设施收编改造,就可直接推动商家租用第三方物流服务,激活第三方物流市场;三是原有的专项物流运营商以入股的方式进行联合,这种方式初期投入资金少,组建周期短,联合后各单项物流运营商还是致力于自己的专项,业务熟悉有利于发挥核心竞争力,参股方式还可避免联盟模式中存在的利益矛盾,更有利于协作。

二、第四方物流

1. 第四方物流的产生

(1)物流业务外包发展的必然产物。第四方物流(Fourth Party Logistics,FPL/4PL)作为供应链管理的一种新的模式,它的出现是物流行业业务外包的必然产物。

企业物流业务外包有三个不同的层次,每个层次都比上个层次更加有深度和广度。第一层次是传统的物流外包,如把仓储外包给专业的仓储公司,把运输外包给专业的运输公司；委托专门结算机构代结货运账、委托海关经纪人代为通关、委托进出口代理商准备进出口文件。第二层次是第三方物流，企业与一家物流提供商签订合同，由其提供整合的解决方案，如货运代理决定用哪一家运输公司、运输管理、进货管理、整合的仓储和运输管理。第三层次是第四方物流，它是指在拥有了第二层次服务的基础上，获得增值的创新服务，如供应链网络结构设计、全球采购计划、IT功能的强化和管理及商品退货和维修、持续的供应链改善。

(2) 管理效率和效益最大化的要求。随着科技的进步和市场的统一，在供应链中，信息管理变得越来越重要。所以，也有必要将物流管理活动统一起来。供应链中，很多供应商和大的企业为了满足市场需求，将物流业务外包给第三方物流服务商，以降低存货的成本，提高配送的效率和准确率。但是，第三方物流缺乏较综合的、系统性的技能和整合应用技术的局限性，以及全球化网络和供应链战略的局部化，使企业在将业务外包时不得不将业务外包给多个单独的第三方物流服务商，从而增加了供应链的复杂性和管理难度。从管理的效率和效益来看，对于将物流业务外包的企业来说，为获得整体效益的最大化，它们更愿意与一家公司合作，即将业务统一交给能提供综合物流服务和供应链解决方案的企业。供应链管理中外包行为的这些变化促使很多第三方物流服务商与咨询机构及技术开发商协作，以增强竞争能力，由此产生了第四方物流。

(3) 竞争的加剧。企业对降低物流成本的追求导致了物流提供商有必要从更高的角度来看待物流服务，把提供物流服务从具体的运输管理协调和供应链管理上升到对整个物流供应链的整合和供应链方案的再造设计。

(4) 弥补第三方物流的不足。第四方物流实际上是一种新的供应链外包形式，这种形式通过成本降低和资产转移来实现。通过与行业最佳的第三方服务供应商、技术供应商、管理顾问联盟，第四方物流组织可以创造任何单一的提供商无法实现的供应链解决方案，从而弥补第三方物流提供服务的局限性。

(5) 顾客对服务的期望及实现技术的成熟。在当今的供成链环境中，顾客对供应商的期望越来越高。这种服务需求随着现代电子通信技术的发展而得到了加强，因特网和WEB技术以及新的企业集成技术为实现这种转变提供了技术支撑。这些技术在提供物流服务方面比过去有实质性的改善，同时也会使顾客期望服务有更大程度的改善。而顾客未满足的期望推动企业重新评估他们的供应链战略，这两种因素相互作用，共同推动了这种物流外包形式的产生。

2. 第四方物流的基本概念与特征

与第三方物流注重实际操作相比，第四方物流更多地关注整个供应链的物流活动。

目前，国内外对第四方物流的表述方式多种多样，然而没有一个非常明确和统一的定义。例如,有的将第四方物流定义成"集成商利用分包商来控制与管理客户公司的点到点供应链运用"。还有的把第四方物流定义成"一个集中管理自身资源、能力和技术并提供互补服务的供应链综合解决方法的供应者"。

在学术界里,比较认同的是埃森哲公司的 John Gattorna 所给的定义,"第四方物流提供商是一个供应链的集成商,它对公司内部和具有互补性的服务商所拥有的不同资源、能力和技术进行整合和管理,并提供一整套供应链解决方案"。第四方物流集成管理咨询和第三方物流服务商能力,通过优秀的第三方物流及技术专家和管理顾问之间的联盟,为客户提供最佳的供应链解决方案。更重要的是,这种使客户价值最大化的统一技术方案的设计、实施和运作,只有通过咨询公司、技术公司和物流公司的齐心协力才能够实现。

因此,与第三方物流相比,第四方物流具有以下几个独有的特点:

(1) 4PL 供应链解决方案。第四方物流有能力提供一整套完善的供应链解决方案,是集成管理咨询和第三方物流服务的集成商。第四方物流和第三方物流不同,它不是简单地为企业客户的物流活动提供管理服务,而是通过对企业客户所处供应链的整个系统或行业物流的整个系统进行详细分析,提出的具有中观指导意义的解决方案。第四方物流服务供应商本身不能单独完成这个方案,而是要通过物流公司、技术公司等多类公司的协助。

(2) 产生影响、增加价值。第四方物流是通过对供应链产生影响来实现自身价值,在向客户提供持续更新和优化的技术方案时,满足客户的特殊需求。第四方物流服务供应商可以通过物流运作的流程再造,使整个物流系统的流程更合理、效率更高,从而将产生的利益在供应链的各个环节之间进行平衡,使每个环节的企业客户都可以受益。如果第四方物流服务供应商只是提出一个解决方案,而没有能力来控制这些物流运作环节,那么第四方物流服务供应商所能创造价值的潜力也无法被挖掘出来。因此,第四方物流服务供应商对整个供应链所具有的影响能力直接决定其经营的好坏,也就是说第四方物流除了具有强有力的人才、资金和技术外,还应具有与一系列服务供应商建立合作关系的能力。

(3) 集约化、信息化。4PL 的经营集约化是指通过专业化和规模化运营使物流更快、更省,降低客户物流成本,提高产品的竞争力,这一特征已经成为 4PL 具有强大生命力的重要保证。这就要求第四方物流为企业制定供应链策略、设计业务流程再造、具备技术集成和人力资源管理的能力,因此,要求企业在集成供应链技术和外包能力方面处于领先地位,并具有较雄厚的专业人才,能够管理多个不同的供应商并具有良好的管理和组织能力等。

(4) 综合性。4PL 的综合性是指提供了一个综合性供应链解决方案,以有效地适应需方多样化和复杂的需求,集中所有的资源为客户完善地解决问题,通过影响整个供应链来获得价值,即其能够为整条供应链的客户带来较好的收益。

3. 第四方物流的功能

第四方物流是咨询服务、第三方物流以及技术支持相结合的产物,所以它综合了咨询管理和第三方物流的优点,能较大范畴地改善整个供应链的管理,对供应链的复杂要求作出高效率的反应。

(1)供应链流程再造或供应链过程再设计。供应链过程真正得到显著改善是通过各个环节计划和运作的协调一致和各个参与方的通力合作实现的。供应链再造改变了供应链管理的传统模式,整合和优化了供应链内部和与之交叉的供应链运作,将商贸战略与供应链战略连成一线,创造性地重新设计了参与者之间的供应链,使之达到一体化标准。

(2)供应链节点之间的功能转化。采用新的供应链管理技术,可以加强并改善各个供应链节点之间的职能。4PL采用领先和高明的技术,加上战略思维、流程再造和卓越的组织变革管理,共同组成最佳方案,实现对供应链活动和流程进行整合和改善。

(3)业务流程再造。第四方物流服务商帮助客户实施新的业务方案,包括业务流程优化、客户公司和服务供应商之间的系统建成以及将业务运作转交给4PL的项目运作小组。项目实施的最大目标是把一个设计非常好的策略和流程实施得恰到好处,即全面发挥方案优势,达到项目的预期效果。

(4)开展多功能、多流程的供应链管理。第四方物流供应商可以承担多个供应链职能和流程的运作职责,工作范围远远超出了传统第三方物流的运输管理和仓库管理的运作,包括制造、采购、库存管理、供应链信息技术、需求预测、网络管理、客户服务管理和行政管理等。通常情况下,4PL只是从事供应链功能和流程的一些关键技术部分。

4. 第四方物流的运作模式

(1)超能力组合(1+1>2)协同运作模式。在该运作模式下,第四方物流只与第三方物流有内部合作关系,即第四方物流服务供应商不直接与企业客户接触,而是通过第三方物流服务供应商,将其提出的供应链解决方案、再造的物流运作流程等进行实施。这就意味着,第四方物流与第三方物流共同开发市场,期间第四方物流向第三方物流提供技术支持、供应链管理决策、市场准入能力以及项目管理能力等,它们之间的合作关系可以采用合同方式绑定或战略联盟方式形成。

(2)方案集成商业模式。在该运作模式下,第四方物流作为企业客户与第三方物流的纽带,为企业客户提供运作和管理整个供应链的解决方案。这样,企业客户就不需要与众多第三方物流服务供应商进行接触,而是直接通过第四方物流服务供应商来实现复杂的物流运作管理。在该运作模式下,第四方物流作为方案集成商,除了提出供应链管理的可行性解决方案外,还要对第三方物流资源进行整合,统一规划为企业客户服务。

(3)行业创新者模式。第四方物流以整合供应链的职能为重点,对第三方物流加以集成,为上下游的客户和供应链提供解决方案。在该运作模式下,第四方物流是连接上游第三方物流集群和下游客户集群的纽带。第四方物流通过卓越的运作策略、技术和供应链运作实施来提高整个行业的效率。

第四方物流无论采取哪一种模式,都突破了单纯发展第三方物流的局限性,真正做到低成本运作,实现最大范围的资源整合。因为第三方物流缺乏跨越整个供应链运作以及真正整合供应链流程所需的战略专业技术,第四方物流则可以不受约束地将每一个领域的最佳物流提供商组合起来,为客户提供最佳物流服务,进而形成最优物流方案或供应链管理方案。

第三节 电子商务的物流管理模式

一、电子商务与供应链

面对国内、国际两个市场,物流活动已延伸到世界的每个角落。物流活动规模越来越大,物品以原材料的形式,经运输、加工、生产(在这个环节上可能有多个子环节)变成库存中的产成品,而后又经运输成为各个零售店中的商品(可能也有多个环节),直到最终消费者手中。物品运动的这一系列环节所经历的各个企业,形成一条链式结构,称为供应链。

通常,各个企业都按照自我成本最小、效益最优的原则组织生产。下游企业直接面对消费客户,他们对市场需求作出精心预测,然后根据自己的库存策略作出生产计划和采购计划。这些计划往往使企业内部达到资源配置最优化。但若不及时和上游企业联系,一旦上游供货企业未及时供货,下游企业往往措手不及,导致库存下降、生产停滞、顾客流失、效益下降,给企业带来损失和外部风险。同样的,若上游企业不及时了解下游企业的生产情况,一味按照自己的最优化原则进行生产,则作出的生产计划往往与实际市场需求脱节,导致库存积压、资金周转缓慢、效益下降。处在整个供应链上的企业都存在这些问题,单个企业的运作效率可能是较高的,但整个供应链系统的效率往往是低的,最终损害供应链中每个企业的利益。

针对这些问题,人们提出了供应链管理理论,着眼于把出发点放在利用系统的观念和方法对物流系统进行整合,以达到整个系统的最优。供应链管理的目标是:以良好的服务降低客户的购买成本,获取竞争优势和多赢的局面。供应链上的原材料厂商、制造厂商、批发站、零售店结成战略联盟，共生共荣，共御市场风险。整个供应链系统的最优化所带来的效益，按照一定的原则，在各企业间进行分配，使每个企业都能分享供应链管理带来的好处。可以预见，未来市场上的竞争将不再是单个企业间的竞争，而是供应链与供应链之间的竞争。

可以毫不夸张地讲，物流业的发展就是供应链不断完善和发展的过程。供应链是一个复杂的系统，必须有不同于传统的管理方法。它的重要功能是在战略联盟的基础上，更有效地开发、组织和利用资源。

供应链管理把供应链上的各个企业作为一个不可分割的整体来实施网络化管理，将各个节点成员分别承担的职能协调起来，形成一个能快速适应市场的、并有效地满足顾客需要的功能系统，实现总体上的高效益和低成本。

从传统运输到物流管理到供应链管理发展过程可以看出，我国供应链管理发展所经历的时间不长，却经历了由落后的单纯运输管理思想到先进的现代化管理理念的过渡，经历了由计划经济到市场经济的变化和发展过程。

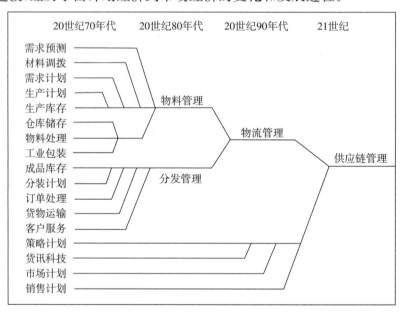

图 4-2　供应链管理发展

二、电子商务下的增值性物流服务

电子商务物流除了具有传统的物流服务外，还需要具有增值性的物流服务（Value-Added Logistics Services）。

1. 增加便利性的服务

一切能够简化手续、简化操作的服务都是增值性服务。在提供电子商务物流服务时，推行一条龙门到门服务、提供完备的操作或作业提示、免培训、免维护、省力化设计或安装、代办业务、一张面孔接待客户、24小时营业、自动订货、传递信息和转账(利用 EOS、EDI、EFT)、物流全过程追踪等都是对电子商务销售有用的增值性服务。

2. 加快反应速度的服务

快速反应已经成为物流发展的方向之一。传统观点和做法将加快反应速度变成单纯对快速运输的一种要求,但在需求方对速度的要求越来越高的情况下,它也变成了一种约束,因此,必须用其他的办法来提高速度。优化电子商务系统的配送中心、物流中心网络,重新设计适合电子商务的流通渠道,以此来减少物流环节,简化物流过程,提高物流系统的快速反应性能。

3. 降低成本的服务

电子商务发展前期,物流成本高居不下,有些企业可能会因此退出电子商务领域,或者是选择性地将电子商务的物流服务外包出去,因此,发展电子商务,一开始就应该寻找能够降低物流成本的物流方案。企业可以考虑的方案包括:采取物流共同化计划,如果具有一定的商务规模,如珠穆朗玛和亚马逊这些具有一定销售量的电子商务企业,可以通过采用比较适用但投资比较少的物流技术的设施设备;或推行物流管理技术,如运筹学中的管理技术、单品管理技术、条形码技术和信息技术等,提高物流的效率和效益,降低物流成本。

4. 延伸服务

延伸服务指向上可以延伸到市场调查与预测、采购及订单处理;向下可以延伸到配送、物流咨询、物流方案的选择与规划、库存控制决策建议、贷款回收与结算、教育与培训、物流系统设计与规划方案的制作等。

(1)关于结算功能。物流的结算不仅仅是物流费用的结算,在从事代理、配送的情况下,物流服务商还要替货主向收货人结算货款等。

(2)关于需求预测功能。物流服务商应该负责根据物流中心商品进货、出货信息来预测未来一段时间内的商品进出库量,进而预测市场对商品的需求,从而指导订货。

(3)关于物流系统设计咨询功能。第三方物流服务商要充当电子商务经营者的物流专家,因而必须为电子商务经营者设计物流系统,代替它们选择和评价运输商、仓储商及其他物流服务供应商。国内有些专业物流公司正在进行这项尝试。

(4)关于物流教育与培训功能。物流系统的运作需要电子商务经营者的支持与理解,通过向电子商务经营者提供培训服务,培养其与物流中心经营者的认同感,提高电子商务经营者的物流管理水平,将物流中心经营管理者的要求传达给电子商务经营者,也便于确立物流作业标准。

以上延伸服务是最具有增值性的,但也是最难提供的。因此,能否提供此类增值性服务,已成为衡量一个物流企业是否真正具有竞争力的标准。

第四节　跨境电商与国际物流

世界贸易市场是伴随着贸易在全球范围内流通兴起而产生的,目前经过三次工业革命的洗礼,已发展成为当今世界最大的商品流通网络,为各国的经济发展奠定了外部基础。近年来,随着跨境电商快速发展和国际物流体系的重构,全球贸易又站在了新的起点。第三次工业革命为人类带来思维方式和生活方式全方位立体性的改变,基于互联网信息技术的飞速发展,通过加强产业结构非物质化和生产过程智能化的变革,引起了社会生产效率的快速提高,促进了国际贸易方式、世界金融体系的变化,重构了生产要素的流通,推动了跨国公司和国际经济一体化的发展,改变了各国经济和世界贸易的格局。尤其是世界贸易组织(WTO)的成立和发展,催生了跨境电子商务的出现和国际物流体系的建立。

一、跨境电商的行业范畴

跨境电商,即跨境贸易电子商务(Cross-Border E-Commerce)。跨境电子商务是指分属不同关境的交易主体,通过电子商务平台达成交易,进行支付结算,并通过跨境物流送达商品、完成交易的一种国际商业活动。广义的跨境电子商务概念是通过互联网达成进出口的 2B/2C 信息交换、交易等应用,以及与这些应用关联的各类服务和环境。

从海关角度来说,跨境电商等同于在网上进行小包的买卖,主要针对消费者。跨境电商将传统的贸易流程数字化、网络化、碎片化,购买特点以小批量、多批次、单笔交易金额为主,包括直接交易和相关服务,即"产品+服务",可按照进出口方向、交易模式、平台运营方、服务类型等分类。

跨境电商的行业范畴主要包括以下四个方面:

一是信息和交易相关的各类 2B/2C 进出口应用。

二是平台,主要是各类围绕应用的平台(如电子商务平台、供需信息平台、交易平台、供应链平台、信用平台)。

三是基础服务和衍生服务。基础服务包括物流、支付、贸易通关、检测验货等。衍生服务包括代运营、咨询培训、翻译、旺铺、法务等。服务参与者既包含平台商,也包含服务提供商、参与者,还包含接入的监管机构及其相关企事业单位(监管便利化服务)。

四是环境,主要涉及国家环境(文化、市场、法律差异)、技术环境(如移动互联网、云计算等)、贸易规则/监管/政策环境(关、检、税、进出口管制政策等)。

跨境电商的产业链包括以下几个方面。

(1)经营主体。相关经营主体包括电商平台、境外买家、外贸卖家、生产商/制造商等。

(2)商业活动。涉及的各类在线商业活动包括货物的电子贸易、在线客户服务、数据信用、电子资金划拨、电子货运单证、物流跟踪等内容。

(3)企业种类。跨境电商企业也有多种类型：①主体企业，包括综合电商平台、B2B信息服务平台、品牌电商、直营B2C类、返利导购网站、供应链服务、微商买手等；②第三方服务企业，包括IT、营销、代运营、店铺装修、人员培训、法律咨询等围绕跨境电商交易之外的一系列相关服务，这部分服务在跨境电商的在线服务市场中非常活跃；③外贸综合服务商或跨境物流综合服务商包括物流、支付、融资、清关、保险等线下服务体系的贸易中间服务商。

二、跨境电商的运作模式

跨境电商贸易按商品流向可划分为出口、进口、过境、转口、复出口、复进口。通常，跨境电商的运作模式也可以从销售主体、通关渠道、供应链、物流方式等不同维度来划分。

跨境电商的官方认定(海关通关监管模式)分类有以下四种。

1. B2C一般出口

交易主体是国内商家B和境外消费者C，多以个人用品、邮包、快递等形式出口。这种模式具有一定的贸易政策风险，在跨国纠纷处理、本地化支付和物流方面也面临挑战。

2. 特殊区域出口

出口卖家采用境内关外的备货模式，先将货品整批运送到海关的监管区，及时获得退税。接到订单后，再进行发送配送。如果将这个备货直接发至目的国的仓库，这就是海外仓。进口方面，各试点城市充分发挥海关特殊监管区域的功能和优势，拓展网购保税进口和直购进口。其中，海淘转运(监管外)包括代购，通过个人行邮或携带的方式发到国内消费者手中，都可以看作是一种C2C模式。其在跨境进口发展早期具有很强的灵活性，不同监管渠道交叉运作，有较多的灰色地带，可不作为跨境电商分类。

3. 保税备货

海外商家将货物运送到国内试点城市的保税区仓库，然后通过进口平台实现向消费者的交易，再从保税区出关寄送。

4. 直购直邮

货物直接从境外以包裹形式通关入境,这不同于过去的邮件或快件,监管条件也完全不同。

表 4-2 跨境电商不同维度的模式分类

运作视角	出口	进口
供应分销	B2B 批发贸易 C2C 小卖家直销 B2C 商家直销 M2C 工厂直销	B2B 一般贸易 B2C 电商直销 C2C 海淘代购 B2B2C 电商保税 境外供应链直采
物流通关	邮政直邮 商业快递 物流专线 海外仓 空海运＋派送监管区集货	邮政直邮 商业快递 集货转运 跨境直购进口 跨境保税进口 贸易完税进口
运营服务	独立 B2C 网站 跨境平台开店 分销代发货 外贸批发	自营线上零售 第三方平台 导购返利 O2O 体验店 微商/分销/代发

跨境电商也是一种零售渠道,渠道只是表象与手段,只有不断地为顾客创造增加值,如选品、履单、售后,才可能持续换取收益。跨境电商全渠道商业零售转型可以关注新时代消费群、占领品类和场景制高点、多渠道融合拓展、客户获取与互动、全渠道品类规划、新产品快速引进、供应商合作管理、供应链精益运营、物流及配送服务等。

三、国际物流概述

跨境电商平台的产生,使买卖双方可以越过中间环节直接进行交易,小微企业甚至个人都可以参与到国际贸易中来,实现了跨境电商一站式交付的跨境物流,带来了跨境网络零售的腾飞。跨境电商的物流费用占跨境电商总成本的 20%～30%。

互联网对物流服务的影响表现在:除了物流包裹的小包化,还使国际物流的经营模式发生了改变。传统的国际物流主营业务为国际贸易运输,以海运集装箱为主,主要解决生产与消费之间空间和时间隔离,及生产与消费之间信息和某些功能隔离。而跨境电商的发展使国际物流的商业模式发生根本性变化,将物流与供应链管理结合起来,由原来的单纯负责运输到与生产企业、供应商和购买商等贸易各方结合，进一步帮助企业实现从原材料到产成品、从供应商到终端消费者的整个供应链流程的重构与优化。这样不仅缩短了物流周期，而且保证了高速物流的正确性和可靠性。

在 2015 年，我国跨境电商出口轻小件包裹约 10 亿件，如果粗算物流环节成本占比为 25%，那么 2015 年这部分跨境 B2C 物流的市场规模已达 1196 亿，而且未来几年将保持 35% 以上年复合增速。

跨境物流递送涉及环节较多，包括国内外的仓储、运输、配送及海关等，以及整合订单管理、库存管理、配送管理及运输管理。总的来说，跨境物流全程服务可分为三部分，一是支持以 B2B 较大额业务为主的海运拼箱及空运等业务；二是支持跨境小包快递等业务；三是外贸服务，围绕贸易过程中的验厂、检测验货、跟单等环节，以及一般的通关、货代业务等展开。目前，这部分服务主要是线下贸易服务商开始服务跨境电商买、卖家，有些还进入了线上服务市场。

随着"电商+贸易"的业务模式变化，尤其是与外贸综合服务及金融增值服务结合后，跨境物流涵盖的范围扩大，这要求国际物流企业具备以下几个主要能力。

一是国际运输能力，如货代、仓位、专线、保险等，以对货源和服务质量进行把控。

二是清关、资质及口岸对接能力。

三是拥有技术平台，如电商集成、状态可视、过程可控。

四是境外操作能力，如海外仓、传统零售的跨境货代、海外采购及供应链。

五是跨境保税操作能力，如保税区入驻、保税仓运营。

六是国内派送及目的国落地配合合作，提供低价、高效与增值服务。

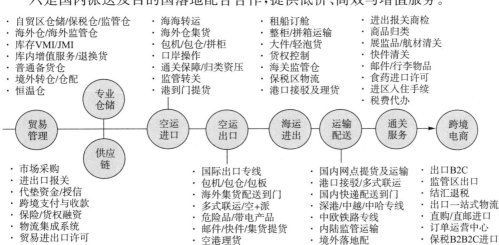

图 4-3　跨境物流图谱

目前，跨境电商的国际物流模式主要有邮政包裹、商业快递、专线物流、保税仓和海外仓等。物流模式的多样性使商家在选择时可以着重考虑产品特点、物流成本和时效稳定性。但跨境物流的发展仍滞后于电商市场的要求,导致货物积压、延误或丢失破损等问题突出,海量分散的订单下仓储体系不完善,面对客户多样化和复杂化的需求而不能高效解决。还有些国家当地的物流系统不是很发达,缺少国外的物流分配中心,导致消费者体验较差、配送时间长、包裹无法全程跟踪、退换货不方便及出现清关障碍等问题。

四、互联网＋物流＋新经济

当前,国家政策、社会经济、产业发展及物流行业等大环境处在大调整和大变革中,制造业转型、服务业发展和促进消费成为新常态,互联网经济是当前市场最为活跃的组成部分。基于互联网或移动互联的创新模式不断将传统的应用和服务重构或再生,证实了科技引领发展的实质。互联网已演变成为一个超时空的巨大网络经济体系,价值创造层面上越来越突破原有的局限。技术改变商业模式,数字化转型全面革新了商业规则,重构了经济社会的"信息基础"结构。

2017年7月,李克强总理在国务院常务会议上强调"推进互联网＋物流,既是发展新经济,又能提升传统经济"。李克强还提到:"要推动互联网、大数据、云计算等信息技术与物流深度融合,推动物流业乃至中国经济的转型升级。这是物流业的'供给侧改革'。"

近几年,移动互联、云计算、3D打印、物联网及智能化等新概念层出不穷,新科技浪潮将信息社会的大幕彻底打开,这是技术创新大爆发的时代。IT已从过去几十年计算机软硬件的范畴,外延至黏合了各领域的技术手段,成为企业的、产业的和经济的信息化,并对社会生活、经济规律、市场格局以及企业管理等方面产生了颠覆式影响。新一波互联网浪潮助推中国向基于生产力、创新和消费拉动型经济增长转型,"数据即信用、网络即市场、实时即效率"。互联网支撑大众创业、万众创新的作用进一步增强,2015年7月,国务院印发《关于积极推进"互联网＋"行动的指导意见》,明确11项行动计划,包括现代农业、智慧能源、普惠金融、便捷交通、绿色生态、协同制造、电子商务、高效物流、人工智能、益民服务、创业创新,推动互联网由消费领域向生产领域拓展,构筑经济社会发展新优势、新动能、新格局,引领新常态。"互联网＋协同制造"特别提出,提升制造业数字化、网络化、智能化水平,在重点领域推进智能制造、大规模个性化定制、网络化协同制造和服务型制造。

到2020年,全球跨境电商消费者总数将超过9亿,全球跨境电商零售将成为国际贸易的重要组成部分,新时代全球贸易主体和贸易方式发生巨大变化,跨境电商将促进互联网时代国际贸易新规则和新秩序的形成。eWTP(建立电子世界贸易平台)作为《2016年B20政策建议报告》中的重要建议,具体措施包括孵化跨境电子商务规则,解决中小企业利用互联网参与全球经济,核心是"推广跨境电商试验区最佳实践、低于一定交易额的免税、提供高效的7/24小件物品通关便利"等措施。

五、跨境电商服务生态

电商无处不在,服务电商(Service E-Commerce)也将无处不在。跨境电商平台或进出口供应链体系,自下而上可分为基础设施层、开放层、服务市场层、垂直产品层等层面,最终为小微企业、消费者、自由连接体等"产中消"提供全面的辅助服务。为满足海量买家的个性化需求,众多卖家越来越专注于电商交易与营销,催生出专业化分工并蕴含网络效应的电商支撑服务业和衍生服务业。物流、支付、采购、清关等支撑服务聚集在一起,用市场的力量,把各个主体间的价值连串起来;翻译、培训、设计、认证、法务等后援服务悉数登场,通过面对面的服务,形成一种生态关系。电子商务服务业在不同领域、不同层面的扩展与协同,极大地展现了一个新兴产业集群的兴旺景象,服务市场总体规模也在逐年扩大。跨境电商服务业涉及物流、金融、法律、人才、信息服务、教育培训等行业,这些行业以互联网技术为核心。下面列几个行业常见的服务。

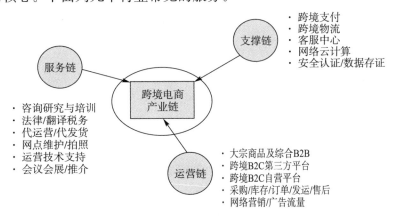

图 4-4 跨境电商的关联市场

1. 电商运营

电商运营包括:从网站管理、网店装修、优化与设计、产品拍照及商标注册,到企业内部管理的环节外包、隐私和信息安全等,售后客服外包给海外本地;外贸ERP、选品及定价、关键词分析、进销存、移动APP及发运管理等;竞品图形、描述、Reviews、Q&A、发运方式、价格参数、日销量、Listing流量等竞争分析与跟踪。

2. 咨询与培训

数字经济化的就业市场,知识型员工提升对个人和企业都有必要,如海关商检的合规性、特殊监管区域、进出口申报禁忌、出口结汇退税、UN38.3 航空危险品运输、AEO 认证、监管查验、许可证管理、转关押运、贸易商品归类及估价、退关等。

3. 跨境人才

国际化业务对专业人才的依赖日渐突出,对兼具行业知识和高技术人才的需求很大,要加强培养内部人才梯队,构建具有创业精神的内部团队和组织结构。

4. 翻译

跨境电商的本地化运营离不开语言本地化,网页翻译、产品专业描述、客服跨语言即时通信、实时互译双语呈现、自动母语化界面、多平台多语言一键发布、专业语料库、邮件自动翻译、人工校对双管齐下等,如行云网多语种翻译、Actneed 多平台自动翻译刊登。

5. 法律服务

做贸易,进出口法律风险规避不可忽视,关注各国海关商检的最新法律动态与实践,如海外注册、侵权应对、许可证、报税 VAT、跨国转移定价、海关稽查、专项法律审计等。

6. 营销分析

数字广告分析有巨大潜力,中国广告业的规模大约仅为美国的 1/4,将媒体网站流量转化为收入,在线营销将向细分人群、精准投放、效果营销及精品营销发展。

【本章案例】

戴尔的物流管理

近 30 年是计算机技术迅速发展的时期,各计算机公司都在不断更新自己的产品技术和性能,力求其产品的性能能够在这个行业中独占鳌头。但是,有个企业却利用另外一种方式发展成了全美第一、全球第二的计算机公司,它就是戴尔计算机公司。戴尔公司成立于 1984 年;1992 年进入《财富》500 强;2011 年戴尔公司在《财富》"最受仰慕的公司"中排名跃居第 6 位;2015 年 10 月 12 日,戴尔公司更是同意以约 670 亿美元收购数据存储巨头 EMC,这成了科技领域最大的一笔收购,同时也创造出了一个计算机企业巨头。

戴尔公司能够取得如此大的成就,与其利用电子商务通过"直销模式"进行产品销售是分不开的。戴尔公司不同于其他计算机公司,其产品并不领先于其他公司的产品,但是戴尔公司战胜其他公司的法宝是将产品送到顾客手中的方式。戴尔公司利用电子商务,通过网络和电话等手段与顾客建立起直接的沟通,了解客户需求,然后利用与上游企业搭建的电子商务平台进行数据交换和信息共享,这样上游企业就能根据客户需求,及时将所需要的零件送到客户手中。这大大降低了企业的库存,减少了企业资金占用,降低了仓储管理费用。

当行业的其他生产商都在想方设法更新自己的技术时,戴尔公司却始终站在用户的角度,以客户为中心,提高客户的服务水平。其他厂商的产品往往是根据对市场的预测生产出来的,产品送到市场上以后,经常是两三个月卖不出去,而信息产业的更新速度更是使许多产品还没来得及销售就已经过时,这给企业带来了很大的压力。戴尔公司利用电子商务直接与顾客沟通,每一台计算机都是按照顾客的要求组装的,这样既避免了过时的风险,又节省了中间成本,可以说戴尔公司的成功就是源于其对物流电子商务的充分使用。

电子商务给戴尔带来的优势:

1. 极低的成本

戴尔公司的订单基本都是通过电子商务完成的,这样既省去了大量费用,又能确保为顾客提供高品质的服务。虽然戴尔公司的网络维护费用和通信费用都比较高,但是与其他销售方式相比,这些费用可以说是少之又少。戴尔公司与原材料供应企业、生产企业的沟通都是通过电子商务模式,而这些方式几乎不产生费用。随着戴尔电商网络使用频繁,单笔交易的成本越来越少,这成为戴尔取胜的一个关键因素。

2. 对市场价格的快速反应

电子产品的更新速度非常快,每一个产品刚问世就开始了生命的倒计时,其价格也是处于不断的波动之中。传统的分销企业很难对这种波动作出及时反应,有些企业的直销产品在仓库里堆积如山,不知所措。而戴尔公司的每一个订单都是按客户的要求设计,并按照当时的市场价格定价,并且生产周期较短,能及时送到客户手中,这样保证了客户以最满意的价格拿到了最满意的产品,获得了较好的客户体验。

3. "零"库存的管理水平

戴尔公司利用电子商务,采取用信息取代库存的销售模式。戴尔公司生产的产品都是按照顾客要求设计的,通过提供准确、充分、迅速的信息,将库存时间控制在3~5天;但是同类企业的库存却为3个星期到2个月,这成了戴尔成功的另一个原因。戴尔成功的关键是利用了电子商务廉价、快捷的信息传递功能,使其可以第一时间了解客户的需求,同时根据客户的需求,合理控制库存,降低企业成本。戴尔的成功是传统商业模式与电子商务结合的典范。

【案例分析】

本案例介绍了戴尔公司利用电子商务,始终站在用户的角度,以客户为中心,提高客户的服务水平为宗旨,最终赢得了市场的胜利。电子商务为戴尔带来了极低的运营成本、对市场价格的快速反应以及"零"库存的管理水平,确保了戴尔公司以较低的服务成本、敏捷的客户响应速度,使客户以最满意的价格拿到最满意的产品,获得了较好的客户体验。戴尔公司通过对信息流程的重建和对商务模式的重构,大大简化了商业流程;利用电子商务的及时性和高效性,在短短几年时间里迅速成长为一个全球顶尖的公司,由此可以看出电子商务具有的强大作用。

第五章 物流成本管理

凡是产生了物流活动、实施了物流作业,就必然会耗费相应的人力、物力、财力。物流成本的发生涉及物流企业及其他企业的各个部门、各个岗位、各个环节、各项作业、各项活动,而物流成本控制是基于物流成本形成过程的控制,它必须涉及物流活动的全过程,因此,它与每个岗位工作都息息相关。企业运营过程中,很多作业岗位员工往往只重视个人劳动量是否完成、作业质量是否达标,至于作业是否合理、能否进行优化、成本可控点在哪里、怎样做才能进一步降低成本等都不关心,或在脑海里没有相应的概念和意识,这就是企业物流成本控制的空白点和盲区。

第一节 物流成本分析

根据国家标准《物流术语》,物流成本定义为物流活动中所有消耗的物化劳动和活劳动的货币表现,即产品在实物运动过程中,如运输、储存、包装、流通加工、物流信息管理各个环节所支出的人力、物力和财力的总和。物流成本是完成物流活动所需的全部费用。

一、物流成本构成

了解物流成本构成,首先要明确研究的是哪个层次的物流成本。我们知道,宏观物流成本即通常意义上的行业物流成本,宏观物流成本不能用微观物流成本数据简单相加而得,需要有独立的构成与核算体系,但其计算依赖于微观物流成本与核算体系的健全。探讨物流成本构成时,应区分宏观与微观,即社会与企业物流成本这两个体系。

1. 社会物流成本构成

社会物流成本指的是一个国家在一定时期内发生的物流总成本,是不同性质企业微观物流成本的总和。通常物流成本占 GDP 的比例被用来衡量一个国家物流发展水平的高低。美国、日本以及欧洲等国家对物流成本的研究工作非常重视,目前,已经形成了一套非常完整的社会物流成本核算体系,该体系能随时掌握国家物流总成本情况,供企业和政府参考。

相比较而言,我国对社会物流成本核算的研究较为迟缓,直到 2004 年国家发展改革委员会、国家统计局发布了《社会物流统计制度及核算表式(试行)》的通知后,才形成相对完善的社会物流成本统计计算体系。

根据国家发展改革委员会、国家统计局关于组织实施《社会物流统计制度及核算表式(试行)》的通知以及中国物流与采购联合会关于组织实施《社会物流统计制度及核算表式(试行)》的补充通知,我国的社会物流总费用是指一定时期内,国民经济各方面用于社会物流活动的各项费用支出。其内容包括:支付给运输、储存、装卸搬运、包装、流通加工、配送、信息处理等各个物流环节的费用;应承担的物品在物流期间发生的损耗;社会物流活动中因资金占用而应承担的利息支出;社会物流活动中发生的管理费用等。具体包括运输费用、保管费用和管理费用三部分。

(1)运输费用。运输费用是指社会物流活动中,国民经济各方面由于物品运输而支付的全部费用。它包括支付给物品承运方的运费(承运方的货运收入);支付给装卸搬运保管代理等辅助服务提供方的费用(辅助服务提供方的货运业务收入);支付给运输管理与投资部门的,由货主方承担的各种交通建设基金、过路费、过桥费、过闸费等运输附加费用。用公式表示:

运输费用=运费+装卸搬运等辅助费+运输附加费 (公式5-1)

具体计算时,根据铁路运输、陆路运输、水上运输、航空运输和管道运输等不同的运输方式及对应的业务核算办法,分别进行计算。

(2)保管费用。保管费用是指社会物流活动中,物品从最初的资源供应方向最终消费用户流动的过程中,所发生的除运输费用和管理费用之外的全部费用。其内容包括:物流过程中因流动资金的占用而需承担的利息费用;仓储保管方面的费用;流通中配送、加工、包装、信息及相关服务方面的费用;物流过程中发生的保险费用和物品损耗费用等。用公式表示:

保管费用=利息费用+仓储费用+保险费用+货物损耗费用+信息及相关服务费用+配送费用+流通加工费用+包装费用+其他保管费用 (公式5-2)

(3)管理费用。管理费用是指社会物流活动中,物品供需双方的管理部门,因组织和管理各项物流活动所发生的费用。其主要包括管理人员报酬、办公费用及教育培训、劳动保险、车船使用等属于管理费用科目的费用。用公式表示:

管理费用=社会物流总额×社会物流平均管理费用率 (公式5-3)

式中,社会物流平均管理费用率是指在一定时期内,在各物品最初供给部门完成全部物品从供给地流向最终需求地的社会物流活动中,管理费用占各部门物流总额比例的综合平均数。

2. 企业物流成本构成

企业物流成本从其所处的领域看,可分为流通企业物流成本和生产企业物流成本。领域不同,其物流成本的构成也不同。

(1)流通企业物流成本的构成。在商品流通过程中,从事商品批发、商品零售或者批发零售兼营的企业,称为商品流通企业。流通企业物流成本是指在组织物品的购进、运输、仓储、销售等一系列活动中所消耗的人力、物力、财力的货币表现,其基本构成如下:

①人工费用,如企业员工工资、奖金、津贴、福利费等。

②营运费用,如能源消耗费、运杂费、设施设备折旧费、办公费、差旅费、保险费及经营过程中的合理消耗,如商品损耗等。

③财务费用,指经营活动中发生的资金使用成本支出,如支付的贷款利息、手续费、资金的占用费等。

④其他费用,指除上述3种费用外的各项费用,如税金、资产损耗、物流信息费等。

(2)生产企业物流成本的构成。生产企业的主要目的是生产能够满足市场需要的产品,以此换取企业的利润。为了进行生产活动,生产企业必须同时进行有关生产要素的购进、仓储、搬运以及产成品的销售。另外,为保证产品质量,为消费者服务,生产企业还要进行产品的返修和废品的回收。因此,生产企业的物流成本是指企业在进行供应、生产、销售、回收等过程中所发生的运输、包装、仓储、配送、回收方面的成本。与流通企业相比,生产企业的物流成本大多体现在所生产的产品成本中,具有与产品成本的不可分割性。生产企业的物流成本构成包括:

①人工费用,指企业从事物流工作的员工工资、奖金、津贴和福利费等。

②生产材料的采购费用,包括运杂费、保险费、合理损耗成本等。

③仓储保管费,如仓库物品的维护保养费、搬运费等。

④产品销售费用,如广告费、运输费、展览推销费、信息费等。

⑤物流设施和设备的折旧费、维修费、保养费等。

⑥营运费用,如能源消耗费、材料消耗费、办公费、差旅费、保险费、劳动保护费等。

⑦财务费用,如物流活动中的贷款利息、手续费、资金占用费等。

⑧回收废品发生的物流成本。

在竞争加剧的市场背景下,如何使企业效益最大化是所有企业家们最关心的问题。而物流成本的高低,直接关系到企业利润的多少。因此,如何以最少的物流成本"在适当的时间将适当的产品送到适当的地方"是摆在企业面前的一个重要问题。解决这个问题的根本出路在于加强对物流系统,即采购、仓储、运输三个环节的物流成本构成的优化。

二、物流成本分类

按不同标准物流成本,有不同的分类方法。目前,企业在进行物流成本管理时,主要有以下几种常见的分类方法:按经济内容分类、按经济用途分类、按物流成本的性态分类、按物流成本是否具有可控性分类等。

1. 按经济内容分类

企业的生产经营过程也是物化劳动和活劳动的耗费过程,因而生产经营过程中发生的成本按其经济内容分类,可划分为劳动对象方面的成本、劳动手段方面的成本和活劳动方面的成本三大类。按经济内容分类也可以理解为按物流支付形态分类,具体内容如下:

(1)固定资产折旧费。此部分费用包括使用中的固定资产应计提的折旧和固定资产大修费用。

(2)材料费。此部分费用包括一切材料、包装物、修理用备件和低值易耗品等费用。

(3)燃料动力费。此部分费用包括各种固体、液体、气体燃料费用及水费、电费等费用。

(4)工资。此部分费用包括员工工资和企业根据规定按工资总额的一定比例计提的员工福利费、员工教育经费、工会经费等。

(5)利息支出。此部分费用为企业应计入财务费用的借入款项的利息支出减利息收入后的净额。

(6)税金。此部分费用为应计入企业管理费用的各种税金,如房产税、车船使用税、土地使用税、印花税等。

(7)其他支出。此部分费用为不属于以上各要素费用支出,如差旅费、租赁费、外部加工费和保险费等。

这种分类方式的作用如下:一是不仅反映一定时期内企业在生产经营中发生了哪些费用,数额各是多少,据以分析企业在各个时期各种费用的构成和水平,还反映物质消耗和非物质消耗的结构和水平,有助于统计工业净产值和国民收入;二是反映了企业生产经营中材料和燃料动力以及职工工资的实际支出,为企业核定储备资金定额、考核储备资金的周转速度以及编制材料采购资金计划和劳动工资计划提供资料。但是,这种分类方式不能说明各项成本的用途,因而不便于分析各种成本的支出是否节约、合理。

2. 按经济用途分类

企业物流成本按经济用途分类,也可以理解为按物流功能分类。企业每一阶段的物流活动,都是由这些具体的物流功能组合而成的,该项功能对应的成本项目称为功能成本,可以分为以下几类:

(1)运输成本。现代企业物流中,运输在其经营业务中占有主导地位,运输费用在整个物流成本中也占有较大比例,物流合理化在很大程度上依赖于运输合理化。物流企业的运输成本主要包括：人工费用，如工资、福利费、奖金、津贴和补贴等；营运费用，如营运车辆的燃料费、轮胎费、折旧费、维修费、租赁费、车辆牌照检查费、车辆清理费、养路费、过路过桥费、保险费、公路运输管理费等；其他费用，如差旅费、事故损失、相关税金等。

（2）流通加工成本。流通加工成本主要包括流通加工设备费用、流通加工材料费用、流通加工劳务费用以及流通加工的其他费用。除上述费用外，在流通加工中耗用的电力、燃料、油料以及车间经费等费用，也应加到流通加工费用中。

（3）配送成本。配送成本是企业的配送中心在进行分货、配货、送货过程中发生的各项费用总和，其成本构成包括配送运输费用、分拣费用、配装费用。

（4）包装成本。包装成本一般包括包装材料费用、包装机械费用、包装技术费用、包装辅助费用、包装人工费用等。

（5）装卸与搬运成本。装卸与搬运成本主要包括人工费用、固定资产折旧费、维修费、能源消耗费、材料费、装卸搬运合理损耗费用以及其他费用，如办公费、差旅费、保险费、相关税金等。

（6）仓储成本。仓储成本主要包括仓储持有成本、订货或生产准备成本、缺货成本以及在途库存持有成本。

成本按经济用途分类，反映了企业不同职能的费用耗费，也叫成本按职能分类。这种分类有利于成本的计划、控制和考核，便于对费用实行分部门管理和进行监督。

3. 按物流成本的性态分类

成本与业务量之间的相互依存关系叫作成本的性态。按照物流成本对物流业务量的依存关系（成本性态），通常将物流成本划分为固定物流成本、变动物流成本和混合物流成本三类。

在企业的物流活动中，企业发生的资源耗费与物流业务量之间的关系可以分为两类：一是随物流业务量的变化而近似成比例变化的成本，如包装材料的消耗、工人的工资、能源消耗等；二是在一定业务量范围内，与业务量的增减变化无关的成本，如物流设备折旧费、管理部门的办公费等。对于这两类不同性质的成本，前者称为变动成本，后者称为固定成本。

在企业的物流活动中，还存在一些既不与物流业务量的变化成正比，也非保持不变，而是随着物流业务量的增减而适当变动的成本，这种成本称为混合成本，如物流设备的日常维修费、辅助费用等。对于混合成本，也可按一定方法将其分解成变动和固定两部分，并分别划归到变动成本与固定成本中。

4. 按物流成本是否具有可控性分类

按物流成本是否具有可控性，可将物流成本分为可控成本和不可控成本。

可控成本是指考核对象对成本的发生能够控制的成本。例如,生产部门的经营管理水平与生产材料的耗用量相关,所以,生产材料费用是生产部门的可控成本。由于可控成本对各责任中心来说是可以控制的,因而必须对其负责。

不可控成本是指考核对象对成本的发生不能控制,因而也不予负责的成本。例如,生产部门的经营管理水平与生产材料的采购成本无关,生产材料的采购成本是不可控成本。

可控成本与不可控成本是相对的,而不是绝对的。对一个部门来说是可控的,而对另一个部门来说则可能是不可控的。但从整个企业来考察,一切费用都是可控的,只是这种可控性需要分解落实到相应的责任部门。

三、物流成本计算方法与界限划分

物流成本计算是物流成本管理的第一步,是收集物流活动经济数据的主要渠道和途径,能够使物流过程透明化。物流成本计算的前提条件是要了解企业物流成本的内涵及形成机制,同时企业的会计基础工作要规范,各有关部门需密切协作。

物流成本计算一般分为会计核算方法下的物流成本计算和统计计算方法下的物流成本计算。

1. 会计核算方法下的物流成本计算

通过会计核算方法计算物流成本,就是通过凭证、账户、报表对物流耗费予以连续、系统、全面地记录、计算和报告的方法。

(1)双轨制。双轨制即把物流成本核算与其他成本核算截然分开,单独建立物流成本核算的凭证、账户、报表体系。在单独核算的形式下,物流成本的内容在传统成本核算和物流成本核算中得到双重反映。

(2)单轨制。单轨制即物流成本核算与企业现行其他成本核算,如产品成本核算、责任成本核算、变动成本核算等结合进行,建立一套能提供多种成本信息的共同的凭证、账户、报表核算体系。

在这种情况下,要对现有的凭证、账户、报表核算体系进行较大的改革,需要对某些凭证、账户、报表的内容进行调整,同时还需要增加一些凭证、账户、报表。

2. 统计计算方法下的物流成本计算

采用统计方法计算物流成本,不要求设置完整的凭证、账户、报表核算体系,而主要是通过对企业现行成本核算资料的解析分析,从中抽出物流耗费部分(即物流成本的主体部分),再加上一部分现行成本核算没有包括进去,但需要归入物流成本的费用,如物流利息等费用。最后按物流管理要求对上述费用进行重新归类、分配、汇兑,加工成物流管理所需要的成本信息。具体做法如下:

(1)通过材料采购、管理费用账户分析,抽出供应物流成本部分,包括材料采购账户中的外地运输费,管理费用账户中的材料市内运杂费,原材料仓库的折旧修理费、保管人员工资等。

(2)从生产成本、制造费用、辅助生产、管理费用等账户中抽出生产物流成本,并按功能、形态进行分类核算,包括人工费部分按物流人员的人数比例或物流活动工作量比例确定,折旧修理费按物流作业所占固定资产的比例确定。

(3)从销售费用中抽出销售物流成本部分,包括销售过程发生的运输、包装、装卸、保管、流通加工等费用。

(4)销售外企业支付的物流费用部分,现有成本核算资料没有反映的供应外企业支付的物流费用,可根据在本企业交货的采购数量,每次以估计单位物流费用率进行计算。单位物流费用率的估计可参考企业物资供应、销售在对方企业交货时的实际费用水平。

(5)物流利息的确定可按企业物流作业所用资金占用额乘以内部利率进行计算。

(6)从管理费用中抽出退货物流费用。

(7)废弃物流成本数额较小时,可以不单独抽出,而是并入其他物流费用;委托物流费用的计算比较简单,它等于企业对外支付的物流费用。

总的来说,计算物流成本的总原则有:

①单独为物流作业所耗费的费用直接计入物流成本。

②间接为物流作业所耗费的费用,以及物流作业与非物流作业共同耗费的费用,如从事物流作业人员比例、物流工作量比例、物流作业所占资金比例等,应按一定比例进行分配计算。在计算物流成本时,首先从企业财务会计核算的全部成本费用科目中抽出所包含的物流成本,然后汇总。

汇总方法通常采用矩阵表的形式,在矩阵表的水平方向是企业按《企业会计制度》以及其他财务会计规定设置的成本费用科目,在矩阵表的垂直方向是成本计算项目。具体计算方法在下一节中介绍。

第二节 物流成本控制

物流成本控制是根据计划目标,对成本发生和形成过程以及影响成本各种因素和条件施加主动影响,以保证实现物流成本计划管理的一种行为。在物流成本控制中,确立物流成本控制目标、明确物流成本控制思想、建立物流成本控制方法与措施都是企业应该重点考虑的问题。由于物流成本控制理论与方法的研究还相对薄弱,到目前为止,物流成本管理的目标仍处于研究中。

一、物流成本控制原则

为了有效地进行物流成本控制,必须遵循以下原则:

(1)经济原则。这里所说的"经济"是指节约,即对人力、物力、财力的节省,它是提高经济效益的核心,因而,经济原则是物流成本控制的最基本原则。

(2)全面原则。在物流成本控制中实行全面性原则,具体包含以下几方面含义:

第一,全过程控制。物流成本控制不限于生产过程,而且从生产向前延伸到投资、设计,向后延伸到用户服务成本的全过程。

第二,全方位控制。物流成本控制不仅对各项费用发生的数额进行控制,还对费用发生的时间和用途加以控制,讲究物流成本开支的经济性、合理性和合法性。

第三,全员控制。物流成本控制不仅要有专职物流成本管理机构和人员参与,还要发挥广大职工群众在物流成本控制中的重要作用,使物流成本控制更加深入、有效。

(3)责、权、利相结合原则。只有切实贯彻责、权、利相结合的原则,物流成本控制才能真正发挥其效益。显然,企业管理当局在要求企业内部各部门和单位完成物流成本控制职责的同时,必须赋予其在规定的范围内有决定某项费用是否可以开支的权力。如果没有这种权力,就无法进行物流成本控制。此外,还必须定期对物流成本业绩进行评价,据此实行奖惩,以充分调动各单位和职工进行物流成本控制的积极性和主动性。

(4)目标控制原则。目标控制原则是指企业管理当局以既定的目标为管理人力、物力、财力和完成各项重要经济指标的基础,即以目标物流成本为依据,对企业经济活动进行约束和指导,力求以最小的物流成本获取最大的盈利。

(5)重点控制原则。所谓重点控制原则,是指对超出常规的关键性差异进行控制,旨在保证管理人员将精力集中于偏离标准的一些重要事项上。企业日常出现的物流成本差异成千上万、头绪繁杂,管理人员对异常差异重点实行控制,有利于提高物流成本控制的工作效率。重点控制是企业进行日常控制所采用的一种专门方法,盛行于西方国家,特别是在对物流成本指标的日常控制方面应用更为广泛。

二、物流成本控制的基本内容

1. 物流成本的局部控制

(1)运输费用的控制。货物运输费用占物流总成本的比重较大,是影响物流成本的重要因素。运输费用控制的主要关键点在运输方式、运输价格、运输时间、运输的准确性、运输的安全可靠性以及运输批量水平等方面,控制方式通常是加强运输的服务方式与运输价格的权衡,从而选择最佳的运输服务方式,使运输价格最低、时间最短、费用最低。

一是采购途耗的最省化。供应采购过程中往往会发生损耗,应采取严格的预防保护措施,尽量减少途耗,避免损失、浪费,以降低物流成本。

二是供应物流交叉化。销售和供应物流经常发生交叉,可以采取共同装货、集中发货的方式,把外销商品的运输与外地采购的物流结合起来。利用回程车辆运输的方法,使发货、进货业务集中、简化,提高搬运工具、物流设施和物流业务的效率。

另外,产品体积的大小在很大程度上决定了物流成本的高低。例如,一个产品的底面积占整个车厢底面积的51%,一辆卡车只能装一件这样的产品,若其余49%的底面积不能装其他货物,则只能空着。如果在产品设计时考虑到运输工具底面积的大小和形状,就可以有效节约运输费用。

(2)装卸搬运费用的控制。控制的关键在于管理好储存材料和商品,减少装卸搬运过程中商品的损耗率、装卸时间、装卸搬运次数等。控制的方法有:对装卸、搬运设备进行合理选择,防止机械设备的无效作业,合理规划装卸方式和装卸作业过程,如减少装卸次数、提高装卸效率、缩短操作距离、提高被装卸物品的纯度等。

(3)存货持有成本的控制。一是提高仓库的利用率,对现有仓库设施进行有效整合与改造,使之得到充分利用。使用第三方物流,实行作业标准化,关闭闲置仓库,采用直接从厂家到客户的付运方式;重新规划仓库与选择运输路线,采用效率较高的仓管系统,考虑采用托盘操作或租用托盘等措施,可以提高效率,减少存货和仓储费用。

二是实行分类管理。将仓库中的物品按不同品种、不同特性、不同价值分成不同等级,实行有重点的管理。对于那些贬值几率大、产品市场更新快、易损易耗物品,应该加强管理。

三是合理控制库存水平。企业应该根据历史资料对市场进行认真分析,然后选择恰当的库存订货模型,确定本企业的库存水平及订货批量与批次,将库存控制在最低点上。尽量与供应商、客户结成战略联盟,形成风险共担、利益平分、信息共享的合作机制,在保证各方利益的前提下,实行供应商管理库存的策略;同时,可以了解客户的需求情况,及时调整库存量及发送货物的品种、数量、时间。日本丰田公司提出的"只收所需要的零件、只以所需要的数量、只在正好需要的时间送到生产的准时生产方式"值得借鉴。

(4)物流行政管理成本的控制。用供应链管理可以提高物流组织管理水平。

我国与美国物流管理水平的差距在于管理成本占总成本的比重,我国为14%,美国仅为3.8%。欧美企业通过供应链管理降低成本的做法经历了三个阶段。

第一,制造业内部业务整合,实现ERP架构。

第二,优化制造企业与供应商之间的供应关系,建立企业社区。

第三,完成从原材料到客户的所有业务流程的协同,实现供应链一体化运作。

目前,我国尚处在第一阶段,多数企业不能从供应链的角度分析成本、效率和服务,提出对策。因此,建议企业借鉴国外成功经验,在技术上采用简单、有效、费用低的手段,与主要客户和供应商进行信息共享;利用网络资源,以更低的成本进行销售、采购;与物流服务市场连接,寻找专业化、社会化的仓储与运输服务商;企业要发挥第四方物流企业在设计供应链结构、规划实施供应链管理信息系统等方面的作用,提高供应链信息化工程的科学性和经济性;发挥网络平台提供商的作用,获取公共技术平台服务;加强内部信息化人才建设,做好信息分析、数据挖掘、系统安全等工作。

另外,以电子标签(RFID)为代表的自动识别新技术已经显示出明显的优势,加之沃尔玛等国际商业巨头的推动,该技术的应用前景非常广阔。我国政府和企业要在项目推动、技术标准、产品成本等方面共同努力,使此项技术尽快在我国企业中推广、应用。

(5)包装费用的控制。控制的关键点是包装的标准化率和运输时包装材料的耗费。包装费用的控制方式包括如下几种:选择包装材料时要进行经济效益分析;运用价值分析的方法优化包装功能;实行包装的回收和再利用;降低包装成本;实现包装尺寸的标准化、包装作业的机械化;有条件时组织散装物流。

2. 物流成本的综合控制

物流成本的综合控制包括事前对物流成本进行预算制定,事中执行监督,事后进行信息反馈、偏差纠正等全过程的系统控制,从而达到预期管理控制目标。

综合控制有别于局部控制,具有系统性、综合性、战略性的特点,控制效率较高,其目标是局部控制的集成,实现企业物流成本最小化。企业物流成本综合控制的主体是企业的物流管理组织和结构,客体是企业经济活动中发生的整体物流费用。

在企业财务会计中,向企业外部支付的物流费用能够从账面上反映出来,而企业内部消耗的物流费用一般计入制造费用,难以单独反映出来,而这一部分物流费用往往超出人们的想象。因此,物流成本的综合控制不仅针对向外部支付的物流费用,还要控制企业内部的物流费用。对物流费用的管理不能仅从物流本身的效率来考虑,费用、质量、价格、销量之间也存在联动关系,要将成本控制放在一个更广阔的背景中来考察,进行真正意义上的物流总成本控制。

3. 按时间划分的成本控制

按控制的时间来划分,物流成本控制具体分为物流成本事前控制、物流成本事中控制和物流成本事后控制三个环节。

（1）物流成本事前控制。物流成本事前控制是指在物流活动或提供物流作业前对影响物流成本的经济活动进行的事前规划、审核，确定目标物流成本，它是物流成本的前馈控制。

（2）物流成本事中控制。物流成本事中控制指在物流成本形成过程中，随时对实际发生的物流成本与目标物流成本进行对比，及时发现差异并采取相应的措施予以纠正，以保证物流成本目标的实现，它是物流成本的过程控制。物流成本的事中控制应在物流成本目标的归口分级管理的基础上进行，严格按照物流成本目标对一切生产经营耗费进行随时随地检查审核，把可能产生损失浪费的苗头消灭，并且把各种成本偏差的信息及时反馈给有关责任单位，以及时采取纠正措施。

（3）物流成本事后控制。物流成本事后控制是指在物流成本形成后对实际物流成本的核算、分析和考核，它是物流成本的反馈控制。物流成本事后控制通过将实际物流成本和一定标准进行比较，确定物流成本的节约和浪费额度，并进行深入的分析，查明物流成本节约或超支的主客观原因，确定其责任归属，对物流成本责任单位进行相应的考核和奖惩。通过物流成本分析，为日后的物流成本控制提出积极改进意见和措施，进一步修订物流成本控制标准，改进各项物流成本控制制度，达到降低物流成本的目的。

物流成本的事中控制主要是针对各项具体的物流成本费用项目进行实地实时的分散控制。而物流成本的综合性分析控制，一般只能在事后进行。物流成本事后控制的意义并非是消极的，大量的物流成本控制工作有赖于物流成本事后控制。从某种意义上讲，物流成本控制的事前与事后是相对的，本期的事后控制也就是下期的事前控制。

进行物流成本控制，首先要制定成本控制标准。成本控制标准有预算成本、标准成本、目标成本和责任成本，相应的物流成本控制方法分别是预算成本法、标准成本法、目标成本法和责任成本法。

三、物流成本可控性

要使物流成本具有可控性，应达到三个条件：
（1）物流基础资料可靠，信息传递处理及时。
（2）有统一的物流成本计算标准。
（3）当物流成本偏离目标时，有能力对物流系统进行有效地改善。
物流成本的可控性受到空间、时间和条件三个方面的限制。

四、物流成本的控制方法

1. 形态别物流成本控制

所谓形态别物流成本控制,是指将物流成本按支付运费、支付保管费、商品材料费、企业内部配送费、人事费、物流管理费、物流利息等支付形态进行归类。通过这样的管理方法,企业可以很清晰地掌握物流成本在企业整体费用中处于什么位置及物流成本中哪些费用偏高等问题,这种方法可以使企业充分认识物流成本合理化的重要性,帮助企业明确控制物流成本的重点在于管理哪些费用。

这种方式的具体方法是,在企业月单位损益计算表"销售费及一般管理费"的基础上,乘以一定的指数,得出物流部门的费用。物流部门是分别按"人员指数""台数指数""面积指数"和"时间指数"等计算物流费的。一般在此基础上,企业管理层通过比较总销售管理费和物流部门费用等指标,分析增减的原因,进而提出改善物流的方案。表 5-1 为某企业形态别物流成本控制计算表。

表 5-1 某企业形态别物流成本控制计算表

	测定科目	销售管理费(元)	物流费(元)	计算指数	
1	车辆租借费	100080	100080	100%	金额
2	商品材料费	30184	30184	100%	金额
3	工资费用	631335	178668	28.3%	人员
4	水电费	12647	6664	52.7%	面积
5	保险费	10247	5400	52.7%	面积
6	维修费	19596	10327	52.7%	面积
7	折旧费	28114	14816	52.7%	面积
8	交纳税金	39804	20977	52.7%	面积
9	通讯费	19276	8115	42.1%	物流费
10	消耗品费	21316	8974	42.1%	物流费
11	CP 软件租借费	9795	4124	42.1%	物流费
12	支付利息	23861	10045	42.1%	物流费
13	杂费	33106	13937	42.1%	物流费
14	广告宣传费	30807	—	—	不包含
15	公关接待费	26825	—	—	不包含
16	差旅交通费	24120	—	—	不包含
	合计	1061113	412311	38.9%	相对于销售管理费
	销售、物流费合计	6829490	412311	6.04%	物流费对销售费指数

注:a. 人员指数=物流职员数/企业全体人数=36 人/127 人=0.283;b. 面积指数=物流设施面积/全企业面积=3093 平方米/5869 平方米=0.527;c. 物流费指数=1~8 项物流费/1~8 项销售管理费=367116/872007=0.421。

2. 机能别物流成本控制

机能别物流成本控制将物流费用分别按包装、配送、保管、装卸、搬运、信息、物流管理等机能进行分类,从而核算物流费用。这种方式使企业掌握各机能所承担的物流费用,进而采取措施,实现不同机能的改善以及合理化,尤其是在计算出标准物流机能成本后,通过作业管理,能够正确设定合理化目标。具体方法是:在计算出不同形态物流成本的基础上,按机能算出物流成本,而机能划分的基准随着企业业种、业态的不同而不同。因此,按机能标准控制物流成本时,必须使划分标准与本企业的实际情况相吻合。

用这种方法可以看出企业物流成本中哪种机能更耗费成本,比按形态计算成本的方法能更进一步找出实现物流合理化的症结。而且可以计算出标准物流成本(单位个数、质量、容器的成本),进行作业管理,设定合理化目标。

按不同机能控制物流成本的特点是在算出单位机能别物流成本后,企业管理层先计算出各机能别物流成本的构成比、金额等,再将其与往年数据进行对比,从而明确物流成本的增减原因,找出改善物流成本的对策。表 5-2 为某企业机能别物流成本控制计算表。

表 5-2 某企业机能别物流成本控制计算表

测定科目		物流费(元)	机能别物流费(元)					
			包装费	配送费	保管费	装卸费	信息流通费	物流管理费
1	车辆租借费	100080	—	100080	—	—	—	—
2	商品材料费	30184	30184	—	—	—	—	—
3	工资费用	178668	—	—	39704	124075	—	14889
4	水电费	6664	—	—	3332	3332	—	—
5	保险费	5400	—	—	2700	2700	—	—
6	维修费	10326	—	—	5163	5163	—	—
7	折旧费	14816	—	—	7408	7408	—	—
8	交纳税金	20977	—	—	—	—	—	20977
9	通讯费	8115	—	—	—	—	8115	—
10	消耗品费	8733	—	—	2911	2911	—	2911
11	CP 软件租借费	4124	—	—	—	—	4124	—
12	支付利息	10045	—	—	10045	—	—	—
13	杂费	13935	—	—	4645	4645	—	4645
合计	金额	412067	30184	100080	75908	150234	12239	43422
	构成比	100%	7.3%	24.3%	18.4%	36.5%	3.0%	10.5%

注:a. 人员费按人数比例分摊管理费、保管费、装卸费;b. 水电费、保险费、维修费、折旧费在保管费和装卸费中平均分配;c. 消耗品费、杂费在保管费、装卸费和物流管理费中各占 1/3。

3. 适用范围别物流成本控制

所谓适用范围别物流成本控制，是指分析物流成本适用于什么对象，以此作为控制物流成本的依据。例如，可将适用对象按商品别、地域别、顾客别、负责人别等进行划分。当今先进企业的做法有以下三种形式：

以分公司营业点为单位来核算物流成本，就是要得出各营业单位物流成本与销售金额或毛收入的对比，有利于对各分公司或营业点进行物流费用与销售额、总利润的构成分析，用来了解各营业单位物流成本中存在的问题，从而正确掌握各分支机构的物流管理现状，加强管理。

按顾客核算物流成本又可分为按标准单价计算和按实际单价两种计算方式，有利于全面分析不同顾客的需求，及时改善物流服务水准，调整物流经营战略。按顾客计算物流成本可用来作为选定顾客、确定物流服务水平制定顾客战略的参考。

按商品核算管理物流成本是指把按功能计算出来的物流费，用各自不同的基准分配给各类商品的方法计算物流成本。这种方法可以用来分析各类商品的盈亏，但在实际运用时，要考虑进货和出货差额的毛收入与商品周转率之积的交叉比率。这种方法能使企业掌握不同商品群物流成本的状况，以便及时合理调配、管理商品。表 5-3 为某企业适用范围别控制物流成本计算表。

表 5-3 某企业适用范围别控制物流成本计算表

	测定科目	物流费（元）	适用范围别物流费（元）					计算指数
			总公司	第1营业所	第2营业所	第3营业所	第4营业所	
1	车辆租借费	100080	45036	20016	15012	10008	10008	台数
2	商品材料费	30183	15092	5433	3622	3169	2867	店别构成比率
3	工资费用	178668	94297	29778	19852	19852	14889	人员
	小计	308931	154425	55227	38486	33029	27764	
4	水电费	6663	3312	1212	646	720	773	面积
5	保险费	5398	2683	982	524	583	626	面积
6	维修费	10327	5132	1880	1002	1115	1180	面积
7	折旧费	14816	7363	2697	1437	1600	1719	面积
8	交纳税金	20977	10426	3818	2035	2265	2433	面积
9	通讯费	7716	4058	1061	974	852	771	店别构成比率
10	消耗品费	8974	4487	1615	1077	942	853	店别构成比率
11	CP 软件租借费	4124	2062	742	495	433	392	店别构成比率

续表

测定科目		物流费（元）	适用范围别物流费（元）					计算指数
			总公司	第1营业所	第2营业所	第3营业所	第4营业所	
12	支付利息	10045	5023	1808	1205	1055	954	店别构成比率
13	杂费	13937	6969	2509	1672	1463	1324	店别构成比率
	小计	102959	51515	18324	11067	11028	11025	—
	合计	411890	205940	73551	49553	44057	38789	—
	店别构成比率	100%	49.9%	17.9%	12.1%	10.7%	9.4%	—
	本期销售额（元）	6829533	3366985	1215649	942468	792220	512211	—
	店铺别销售构成比例	100%	49.3%	17.8%	13.8%	11.6%	7.5%	—

注：a.台数指数：总公司9台；第1营业所4台；第2营业所3台；第3、4营业所各2台，共计20台；b.人员指数：总公司19人；第1营业所6人；第2、3营业所各4人；第4营业所3人，共计36人；c.面积指数：总公司1537平方米；第1营业所561平方米；第2营业所300平方米；第3营业所335平方米；第4营业所360平方米；共计3093平方米；d.店别构成比率：各店铺（除2外）从1～8除以合计物流费比，总公司49.9%；第1营业所17.9%；第2营业所12.1%；第3营业所10.7%；第4营业所9.4%

第三节 物流成本控制策略

物流成本控制就是在成本形成过程中，对物流作业过程进行规划、指导、限制和监督，使之符合有关成本的各项法规、政策、目标、计划和定额，及时发现偏差并采取措施纠正偏差，使各项费用消耗控制在预定的范围内。事后进行分析评价，总结并推广先进经验和实施改进措施，在此基础上修订并建立新的成本目标，促进企业不断降低物流成本，达到以较少的劳动消耗取得较大的经济效益的目的。

一、物流成本控制途径

1. 从流通全过程降低物流成本

对一个企业来讲，控制物流成本即追求本企业物流的效率化，应该考虑从产品制成到最终用户整个供应链过程的物流成本效率化。比如，物流设施的投资或扩建与否要视整个流通渠道的发展和要求而定。

2. 从营销策略角度降低物流成本

提高对顾客的物流服务是企业确保市场营销目标实现的最重要的手段，从某种意义上说，提高顾客的物流服务水平是降低物流成本的有效方法之一。但是，超过必要量的物流服务不仅不能使物流成本下降，反而有碍于物流效益的实现。

例如,随着多频度、少量化经营的扩大,对配送的要求越来越高,在这种情况下,如果企业不充分考虑用户的产业特点和运送商品的特性,只是简单化地实现即时配送或小包装发货,无疑将大大增加企业的物流成本。所以,在正常情况下,为了提高对顾客的物流服务,防止出现过剩的物流服务,企业应在考虑用户的产业特点和运送商品特性的基础上,与顾客充分沟通、协调,共同实施降低物流成本的方法,由此产生的利益与顾客分享,从而使物流成本的管理直接为市场营销目标服务。

3. 从信息系统角度控制物流成本

企业内部的物流效率仍然难以使企业在不断激化的竞争中取得成本上的竞争优势,为此,企业必须与其他交易企业之间形成一种效率化的交易关系。即借助于现代信息系统,使各种物流作业能准确、迅速地进行,建立起物流战略系统。

4. 从效率化配送角度控制物流成本

对应于用户的订货要求建立短时期、准确的物流系统,是企业物流发展的客观要求,但伴随配送产生的成本费用要尽可能降低,特别是多频度、小单位配送的发展,更要求企业采用效率化的配送方法。企业要实现效率化的配送,就必须重视提高装载率、车辆运行管理、配送方案优化等。

5. 从物流外包角度控制物流成本

从运输手段讲,可以采用一贯制运输来降低物流成本。即对从制造商到最终消费者之间的商品运送,利用各种运输工具的有机衔接来实现,运用运输工具的标准化以及运输管理的统一化,来减少商品周转、装载过程中的费用和损失,并大大缩短商品的在途时间。

物流外包是利用企业外部的分销公司、运输公司、仓库或第三方货运人执行本企业的物流管理或产品分销的全部或部分职能。其范围可以是对传统运输或仓储服务的有限的简单购买,或者是广泛的、包括对整个供应链管理的复杂的合同。它可以是常规的,即将先前内部开展的工作外包;或者是创新地、有选择地补充物流管理手段,以提高物流效益。

6. 从提高服务控制物流成本

控制物流成本的目的在于加强物流管理、促进物流合理化。物流是否合理取决于两个方面:一方面是对客户的服务质量水平;另一方面是物流费用的水平。如果只重视降低物流成本,就可能会影响客户服务质量,这是行不通的。一般说来,提高服务质量水平与降低物流成本之间存在着一种"效益背反"的矛盾关系。因此,在进行物流成本控制时,必须确保服务质量控制与物流成本控制的结合。要正确处理降低成本与提高质量的关系,从二者的最佳组合上,谋求物流效益的提高。

7. 用经济与技术手段控制物流成本

这就要求把物流成本日常控制系统与物流成本经济管理系统结合起来,进行物流成本的综合管理与控制。物流成本是一个经济范畴,实施物流成本管理,必须遵循经济规律,广泛地利用信息、奖金、定额、利润等经济范畴和责任结算、业绩考核等经济手段。同时,物流管理又是一项技术性很强的管理工作。要降低物流成本,必须在改善物流技术和提高物流管理水平上下功夫。通过物流作业的机械化和自动化,以及运输管理、库存管理、配送管理等技术的充分应用,来提高物流效率,降低物流成本。

二、物流成本控制方法

物流成本能够真实地反映物流作业的实际状况,通过物流成本计算,可以进行物流经济效益分析,发现和找出企业在物流管理中存在的问题和差异。由于物流作业各要素成本间交替损益的特性,因此,不能以某一环节作业的优劣和某一单项指标的高低去评价物流系统的合理性。物流各项作业成本之间的相互影响,最终体现在物流总成本上。因此,物流总成本就成为衡量与评价物流综合经济效益和物流合理化的统一尺度。

物流成本控制分为绝对成本控制和相对成本控制。

绝对成本控制是把成本支出控制在一个绝对金额以内的控制方法。绝对成本控制从节约各种成本支出、杜绝浪费出发,进行物流成本控制,要求把物流过程发生的一切成本支出划入成本控制范围。标准成本和预算控制是绝对成本控制的主要方法。

标准成本是指在一定假设条件下应该发生的成本。对标准程度的看法不同,因而有不同的标准成本概念。

(1)理想标准。理想标准是指在现有最理想、最有利的作业情况下,达到最有水平的成本指标。

(2)正常标准。它是在目前的生产经营条件下,为提高生产效率,降低损失、耗费而应达到的水平。这一标准广泛应用于企业的标准成本控制。

(3)过去业绩标准。依据前期成本实际水平制订的标准。

相对成本控制是通过成本与产值、利润、质量和服务等指标对比分析,寻求在一定制约因素下取得最有经济效益的一种控制技术。

相对成本控制扩大了物流成本控制领域,要求在降低物流成本的同时,注意与成本关系密切的因素,产品结构、项目结构、服务质量水平、质量管理等方面,目的在于提高控制成本支出的效益,减少单位产品成本投入,提高整体经济效益。两种成本控制的比较见表5-4。

表 5-4　绝对成本控制与相对成本控制比较表

比较项目	绝对成本控制	相对成本控制
控制对象	成本支出	成本与其他因素的关系
控制目的	降低成本	提高经济效益
控制方法	成本与成本指标之间的比较	成本与非成本指标之间的比较
控制时间	主要在成本发生时或发生后	主要在成本发生前
控制性质	实施性成本控制	决策性成本控制

在考虑物流和销售间的相关成本问题时,可以提出实行物流合理化的两种方法:一是以改变服务客户水平为目标的物流合理化;二是在规定服务水平的前提下,改进物流活动效率的合理化。就压缩物流成本的效果来看,以前一种方法为优;但采用这种方法,服务水平随之改变,与销售部门的关系需要作某些调整。采用后一种方法,可在物流部门单独完成,但该方法所能实现的合理化有一定的限度。从企业物流合理化的步骤看,采用由后一种方法入手,向前一种方法过渡较为有利,按这样的步骤过渡,所遇阻力小,具有现实意义。

三、降低配送成本的五种策略

1. 混合策略

混合策略是指一部分配送业务由企业自身完成。这种策略的基本思想是:尽管采用纯策略(配送活动要么全部由企业自身完成,要么完全外包给第三方物流)易形成一定的规模经济,并使管理简化,但是由于产品品种多变、规格不一、销量不等等情况,采用纯策略的配送方式超出一定程度不仅不能取得规模效益,还会造成规模不经济。而采用混合策略,合理安排企业自身完成的配送和外包给第三方物流完成的配送,能使配送成本最低。例如,美国一家干货生产企业为满足遍及全美的 1000 家连锁店的配送需要,建造了 6 座仓库,并拥有自己的车队。随着经营的发展,企业决定扩大配送系统,计划在芝加哥投资 7000 万美元,再建一座新仓库,并配以新型的物料处理系统。该计划提交董事会讨论时,却发现这样做不仅成本较高,而且就算仓库建起来也满足不了需要。于是,企业把目光投向租赁公共仓库,发现如果企业在附近租用公共仓库,增加一些必要的设备,再加上原有的仓储设施,企业所需的仓储空间就足够了。总投资只需 20 万元的设备购置费、10 万元的外包运费,加上租金,远没达到 700 万元。

2. 差异化策略

差异化策略的指导思想是:产品特征不同,顾客服务水平也不同。

当企业拥有多种产品线时,所有产品不能都按同一标准的顾客服务水平来配送,而应按产品的特点、销售水平来设置不同的库存、不同的运输方式以及不同的储存地点,忽视产品的差异性会增加不必要的配送成本。例如,一家生产化学品添加剂的公司为降低成本,按各种产品的销售量比重进行分类(A 类产品的销售量占总销售量的 70% 以上,B 类产品占 20% 左右,C 类产品则为 10% 左右),对 A 类产品,公司在各销售网点都备有库存;B 类产品只在地区分销中心备有库存,而在各销售网点不备有库存;C 类产品仅在工厂的仓库备有存货。经过一段时间的运行证明,这种方法是成功的,企业总的配送成本下降超过 20%。

3. 合并策略

合并策略包含两个层次,一是配送方法上的合并,另一个则是共同配送。

配送方法上的合并。企业在安排车辆完成配送任务时,充分利用车辆的容积和载重量,做到满载满装,是降低成本的重要途径。由于产品品种繁多,不仅包装形态、储运性能不一,而且在容重方面,往往相差甚远。一辆车上如果只装容重大的货物,往往是达到了载重量,但容积空余很多;如果只装容重小的货物,则相反,即看起来车装得满,但实际上并未达到车辆载重量。实际上这两种情况都造成了浪费。实行合理的轻重配装、容积不同的货物搭配装车,不但可以在载重方面达到满载,而且充分利用车辆的有效容积,取得最优效果。最好是借助电脑计算货物配车的最优解。

共同配送是一种产权层次上的共享,也称集中协作配送。它是几个企业联合集小量为大量共同利用统一配送设施的配送方式,其标准运作形式是:在中心机构的统一指挥和调度下,各配送主体以经营活动(或以资产为纽带)联合行动,在较大的地域内协调运作,共同对某一个或某几个客户提供系列化的配送服务。这种配送有两种情况:一种是中小生产、零售企业之间分工合作,实行共同配送,即同一行业或在同一地区的中小型生产、零售企业单独进行配送的运输量少、效率低的情况下进行联合配送,不仅可减少企业的配送费用,使配送能力得到互补,而且有利于缓和城市交通拥挤,提高配送车辆的利用率;第二种是几个中小型配送中心之间的联合,针对某一地区的用户,几个配送中心将用户所需物资集中起来,共同配送。

4. 延迟策略

传统的配送计划安排中,大多数的库存是按照对未来市场需求的预测量设置的,这样就存在着预测风险。当预测量与实际需求量不符时,出现库存过多或过少的情况,从而增加配送成本。延迟策略的基本思想就是将产品的外观、形状及其生产、组装、配送尽可能推迟到接到顾客订单后再确定。一旦接到订单,就要作出快速反应,因此,采用延迟策略的一个基本前提是信息传递要非常快。

一般来说,实施延迟策略的企业应具备以下几个基本条件:①产品特征:模块化程度高、产品价值密度大、有特定的外形、产品特征易于表述、定制后可改变产品的容积或重量。②生产技术特征：模块化产品设计、设备智能化程度高、定制工艺与基本工艺差别不大。③市场特征：产品生命周期短、销售波动性大、价格竞争激烈、市场变化大、产品的提前期短。

实施延迟策略常采用两种方式：生产延迟（或称形成延迟）和物流延迟（或称时间延迟）。具体操作时，常常发生在诸如贴标签（形成延迟）、包装（形成延迟）、装配（形成延迟）和发送（时间延迟）等领域。美国一家生产金枪鱼罐头的企业就通过延迟策略改变配送方式，降低了库存水平。这家企业为提高市场占有率，曾针对不同的市场设计了几种标签，产品生产出来后运到各地的分销仓库储存起来。由于顾客偏好不一，对于几种品牌的同一产品，经常出现某种品牌畅销而缺货，而另一些品牌却滞销压仓。为了解这个问题，该企业改变以往的做法，即在产品出厂时都不贴标签而运到各分销中心储存。当接到各销售网点的具体订货要求时，按各网点指定的品牌标志贴上相应的标签，这样就有效地解决了此缺彼涨的矛盾，从而降低了库存。

5. 标准化策略

标准化策略就是尽量减少因品种多变而导致的附加配送成本，尽可能多地采用标准零部件、模块化产品。例如，服装制造商按统一规格生产服装，直到顾客购买时才按顾客的身材调整尺寸大小。采用标准化策略要求厂家从产品设计开始就要站在消费者的立场考虑怎样节省配送成本，而不是等到产品定型生产出来，才考虑。

【本章案例】

宁夏伊品生物科技有限公司物流成本控制经验

宁夏伊品生物科技有限公司是一家集商品、饲料、化工、生物工程、房地产开发等于一体的集团化民营企业。公司总投产4亿多元，下辖五个子公司，拥有2万吨谷氨酸、2.5万吨赖氨酸、2.4万吨味精、6万吨玉米淀粉及辅产品的年生产能力。该公司已成为宁夏著名的农产品深加工龙头企业之一，并被列为"国家农业部农产品加工示范企业"和"自治区高新技术企业"。销售市场覆盖全国30多个省、市、自治区，赖氨酸等产品已成功进入国际市场。

尽管宁夏伊品生物科技有限公司已经形成了投入—转换—产出之间的物流链条，但是仍然居安思危、未雨绸缪。随着企业规模的不断扩大以及市场供需关系的变化、新的商业模式的兴起，该公司也在各产品的主要消费地建立物流配送中心，设立区外中转仓库作为公司销售物流配送的基础及基地。设立中转仓库的目的主要是解决以下问题：一是解决目前公司销售运输需求与当地铁路运输能力不匹配的问题;二是解决市场上一些中小用户因需求量少而不能形成批量发货的问题;三是解决新商业模式下一些客户的即时需求;四是为了满足提升公司物流服务水平,增强企业市场竞争力的战略需求。

1. 企业中转仓库基本情况

该公司目前在区外设立8座中转仓库,租赁面积7770平方米,产品储存能力9700吨左右。由于仓库位置、硬件条件、物流环境、经济发展水平及消费习惯不同,各仓库费用标准及计算方式有所区别,如表5-5所示。

表5-5 企业各仓库费用标准及计费方式

序号	库别	租赁面积（平方米）	仓储能力（吨）	仓储费标准（元）	铁路下线（元/吨）
1	郑州中储库	1000	1200	15.5	33.7
2	昆明新储库	820	900	15	33.3
3	广州吉安库	1800	2250	14	30
4	成都华铁库	2100	2600	12	42
5	长沙金霞库	1000	1200	14	43
6	南宁外运库	500	760	15	25
7	山东潍坊库	400	650	12	47
8	北京仓库	150	140	11.25	40
合计		7770	9700		

2. 中转仓库物流成本管理的主要措施

为了提高中转仓库管理水平,提高仓储、配送、运输、单证处理等方面的服务质量,提高工作效率,降低仓库的运作成本,达到公司及客户在仓库管理方面的要求,宁夏伊品生物科技有限公司主要采用以下方法对中转仓库物流成本进行管理。

措施1:优化仓库布局,做到适度库存集中

宁夏伊品生物科技有限公司根据运行情况及公司实际需求,最初设置了十几个中转仓库。运行一年以后,其物流部门对中转仓库运行状况进行分析,发现仓库容量得不到充分利用,很多仓库利用率不足50%。其主要原因是仓库租赁面积过大;在仓库选择与租赁时,只考虑了市场的最大需求及物流受阻情况,没有充分考虑公司生产供给及市场的实际需求,也没有充分考虑建仓的目的是流通而不是储存货物;在仓容的确定上未充分考虑合作的模式(如何解决需求并节约费用)。通过数据分析,该公司物流部经理发现每月中转仓库发货量合计达到8750吨,才可基本保证单位仓储成本不会超标。于是公司按照历史运行情况及当期预计需求,结合公司生产规模及市场变化情况,分别缩减中转仓库的数量及个别仓库的租用面积,实施即时供应。目前,中转仓库的利用率已经达到85%,有效控制了仓储费用的支出。

措施2:实施全过程物流成本管理

宁夏伊品生物科技有限公司物流实质解决的仍是物流采购、库存、供给、生产计划安排、配送、实施布置、流程优化等一系列运作问题。多年来,与其他企业一样,该公司在经营管理方面坚持创新,其中包括积极推行准时货物递交、与合作经销商实行周报价制度、定期到货运市场进行调研、增加精确市场预报、制定销售物流一体作业计划等。实施全过程管理,加强了中转仓库货物的销售力度,提高了仓库的利用效率。中转仓库发货量、存货量在满足市场需求的同时,有效控制了费用,真正做到了"小仓库,大运行"。

措施3:以成本为中心,合理选择运输方式

该公司在中转仓库送货环节,对运输方式的选择主要考虑运输市场需求状况、车型特点、产品的流向和目的地消费习惯的影响。具体而言,目前该公司多采用铁路整车运输,因为它克服了铁路零担运输费用高、运输时效无法保证的缺点。因不同的车型适应的运输规模不同,当货物重量达到10吨以上时,一般采用汽车整车运输,如双桥、半挂车等车型,零担货物一般选择可信度高和运费适宜的货运公司运输。

另外,还要考虑产品目的地的消费特点。以60吨货物为例,产品销往西安方向,铁路整车运费为160~170元/吨,汽车整车运费为220~280元/吨,但是西安的客户一般不是整车接货。采用铁路整车运输将产品运到西安之后,客户可能只提取一部分货物,那么对于剩余的货物,需要公司单独设置库房,从而产生二次配送费用。而汽车运输机动灵活,具有实现门到门运输的特点,相比较而言,尽管表面看来铁路运输比公路运输费用低,但是加上中转费用、下站费等,可能造成铁路运费高于公路运费,因此,选择公路运输可以更好地控制仓储成本。

措施4:完善中转仓库管理制度

管理制度是企业一切管理行为的标准和尺度,只有"依法办事",才能保证管理行为的效率和效果。在中转仓库物流成本管理过程中,必须严格相关制度的权威性和严肃性,这是物流成本管理的核心环节之一。明确中转仓库管理人员岗位职责,规范中转仓库管理行为,减少由于库房管理不当而造成的产品损失,提高库房运作和服务效率,从而更好地节约物流成本。在具体实施过程中,注重细节管理,如当月单证、票据按照作业流程登记、整理,管理过程完整、规范;每日账务日清日结,做到账务系统库存和实际库存相符等。

【案例分析】

本案例讲述了宁夏伊品生物科技有限公司的物流成本控制经验,公司通过对现有中转仓库的基本情况分析,制定了一系列中转仓库物流成本管理措施,通过优化仓库布局、实施全过程物流成本管理、优化运输方式的选择以及完善仓库管理制度等方面,成功地对中转仓库的物流成本进行了有效管理与控制。

第六章　物流信息技术与电子物流

物流活动过程中产生的知识、资料、图像、数据、文件统称为物流信息,对这些物流信息进行搜集、检索、研究、报道、交流和提供服务的过程称为物流信息管理。在物流信息管理早期,主要采用人工方式进行管理,当计算机出现之后,伴随着信息技术的发展,出现了基于信息技术的物流信息系统。物流信息系统是利用计算机技术和通信技术,对物流信息进行收集、整理、加工、存储、服务等工作的人机系统。电子物流是指利用电子化手段完成物流全过程的协调、控制和管理。

第一节　物流信息

1. 物流信息的概念

按照国家标准《物流术语》(GB/T18354—2006)的定义,物流信息是反映物流各种活动内容的知识、资料、图像、数据、文件的总称。可以从狭义和广义两个角度来说明。从狭义角度看,物流信息来源于客观物流活动的各个环节,是与物流活动有关的信息。在物流活动的管理与决策中,如运输工具的选择、运输线路的确定及仓库的有效利用、最佳库存数量的确定等,都需要详细和准确的物流信息。这些物流信息与物流过程中的运输、仓储、装卸、包装等职能有机结合在一起,保障整个物流活动的顺利进行。物流各项活动产生物流信息,并最终反作用于物流活动。

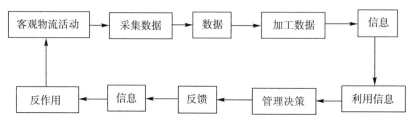

从广义角度看,物流信息不仅包括与物流活动有关的信息,还包括大量与其他流通有关的信息,如商品交易信息和市场信息等。商品交易信息是指与买卖双方的交易过程有关的信息,如销售、购买、订货、发货、收款等信息;市场信息是指与市场活动有关的信息,如消费者的需求信息、竞争者或者竞争者商品的信息、促销活动信息等。

广义的物流信息不仅对物流活动具有支持、保证作用,而且起到连接从生产厂家,到批发商和零售商,最后到消费者的整个供应链的作用,并且通过应用现代信息技术实现整个供应链活动的效率化。例如,零售商根据市场需求预测和库存情况制定订货计划,向批发商或生产厂家发出订货信息。批发商收到订货信息后,在确定现有库存水平能满足订单要求的基础上,向物流部门发出配送信息;如果发现库存不足,则马上向生产厂家发出订单。生产厂家视库存情况决定是否组织生产,并按订单上的数量和时间要求向物流部门发出发货配送信息。

2. 物流信息的功能

物流信息贯穿于物流活动的整个过程,对物流活动起到支持、保证作用,可以看作物流活动的"中枢神经"。物流活动中的信息流可以分为两大类:一类信息流的产生先于物流,控制着物流产生的时间、流量的大小和流动方向,对物流具有引发、控制和调整作用,如各种计划、用户的订单等,这类信息流被称作计划信息流或协调信息流;另一类信息流与物流同步产生,反映物流的状态,如运输信息、库存信息、加工信息等,这类信息流被称作作业信息流。可见,物流信息除了反映物品流动的各种状态外,更重要的是控制物流的时间、方向、流量大小和发展进程。无论是计划流,还是作业流,物流信息的总体目标都是把涉及物流的各种企业具体活动综合起来,加强整体的综合能力。物流信息的作用主要表现在以下几个方面:

(1)物流信息有利于企业内部各业务活动之间的衔接。企业内采购、运输、库存及销售等活动互相作用,形成一个有机的整体系统,物流信息在其中充当桥梁和纽带。各项业务活动之间通过信息进行衔接,基本资源的调度也通过信息的传递来实现。物流信息保证了整个系统的协调性和各项活动的顺利运转。

(2)物流信息有助于物流活动各个环节之间的协调与控制。在整个物流活动过程中,每一个环节都会产生大量的物流信息,而物流系统则通过合理应用现代信息技术对这些信息进行挖掘和分析,得到每一个环节下一步活动的指示性信息,进而对各个环节的活动进行协调和控制。

(3)物流信息有助于提高物流企业科学管理和决策水平。物流管理需要大量、准确、实时的信息和用于协调物流系统运作的反馈信息,任何信息的遗漏和错误都将直接影响物流系统运转的效率和效果,进而影响企业的经济效益。通过加强供应链中各活动和实体间的信息交流与协调,使物流管理中的物流和资金流保持畅通,实现供需平衡;并且运用科学的分析工具,对物流活动所产生的各类信息进行科学分析,从而获得更多富有价值的信息。这些信息在系统各节点间共享,有效地缩短了订货提前期,降低了库存水平,提高了搬运和运输效率,减少了递送时间,及时高效地响应顾客提出的各种问题,极大地提高了顾客满意度和企业形象,加强了物流系统的竞争力。

3. 物流信息的特点

(1)物流信息量庞大。物流连接了生产和消费,在整条供应链上产生的信息都属于物流信息的组成部分。这些信息从生产到加工、传播和应用,在时间、空间上存在不一致性,这需要性能较高的信息处理机构与功能强大的信息采集、传输和存储能力。

以一个有数万种商品的大型超市为例,每个商品从下订单开始,就包含价格、数量、条码、批次、物流模式、尺码、色码、包装规格等物流信息,到了配送中心后又有验收、整理、上架、调整、补货、拣货、拼板、配车、盘点、退换货等业务流程,每一步业务又会产生新的物流信息,再加上现在多频次、小批量的作业越来越多,因此,记录物流活动的物流信息数量快速增长。可以预计,随着物流作业越来越精细,这种趋势将一直延续。

(2)物流信息具有极强的时效性。信息都有生命周期,在一定时间内的信息才有价值。有价值的信息的第一个要求就是快,能迅速地反映业务的最新动态,没有时效性,信息就变得一文不值。在物流活动中就更是如此,市场在随时变化,运输中的商品的位置不断变化,配送中心的库存状况不断变化,门店里的销售情况不断变化,还有大量存在的突发情况,因此,物流信息处于一个不断更新、不断变化的状态,绝大多数物流信息的动态性强、时效性强,信息价值的衰减速度快,这也要求物流信息系统有非常强大的实时性和高效率。

(3)物流信息种类多。物流产业是服务产业,物流活动的发生必须依赖其他活动的产生而产生。例如,只有有了交易活动,才有物流产生,同时物流活动是在正确的时间、正确的地点把正确数量的商品送到被服务者手中。因此,物流是处于中间环节的地位,这就决定了物流信息是开放的,不仅包括企业内部的物流信息内容,还包括上下游企业的物流信息内容。信息来源多样化,多样化的要求就产生了一个现实的信息如何共享的问题,因此,物流信息系统好与坏的评判条件之一就是它的数据接口是否具有良好的兼容性,数据共享和数据分析的能力强不强。

(4)物流信息的不一致性。物流信息产生具有时间和地点的不一致性。例如,同样的物流车辆在白天送货和晚上送货的时间、成本、行车路线是不同的,因此,要具体分析。此外在采集周期和衡量尺度上也不一致。比如,同样是盘点,则有日盘、周盘、月盘;在衡量上,也有只对总数、分品项核对等。另外,由于物流行业是具有明显时间周期的行业,如年节期间业务量会比平时暴增。因此,物流信息系统要有相应地处理不一致信息的能力。

(5)物流信息趋于标准化。随着信息处理手段的电子化,物流信息标准化越来越重要。物流信息标准化体系主要由基础标准、工作标准、管理标准、技术标准和单项标准组成。其中基础标准处于第一层,工作标准、管理标准和技术标准处于第二层,单项标准处于第三层。

4. 物流信息的分类

按照不同的类别，物流信息可以分为很多种。

(1) 按管理层次不同分类，可以分为战略管理信息、战术管理信息、知识管理信息和操作管理信息。

①战略管理信息是企业高层管理决策者制定企业年度经营目标、企业战略决策所需要的信息，如企业全年经营业绩综合报表、企业盈利状况和市场动向、国家有关政策法规等。

②战术管理信息是部门负责人制定局部和中期决策所涉及的信息，如销售计划完成情况、库存费用等。

③知识管理信息是知识管理部门相关人员对企业知识进行收集、分类储存和查询，并对知识进行分析得到的信息，如专家决策知识、物流企业相关业务知识等。

④操作管理信息产生于操作管理层，反映和控制企业的日常生产和经营活动，如用户订货合同、供应厂商原材料信息等。

(2) 按物流信息的功能不同分类，可以分为计划信息、控制及作业信息、统计信息和支持信息。

①计划信息是指尚未实现但已作为目标确认的一类信息，如仓库进出量计划、车皮计划、与物流活动有关的国民经济计划等。掌握了计划信息，便可对物流活动本身进行战略思考和安排，这对物流管理具有非常重要的意义。

②控制及作业信息是物流活动过程中发生的信息，如库存种类、在运量、运输工具状况、运费等信息，这类信息的动态性强、更新速度快、时效性强。掌握控制及作业信息，可以控制和调整正在发生的物流活动及指导即将发生的物流活动，实现对过程的控制和业务活动的微调。

③统计信息是物流活动结束后，对整个物流活动的一种总结性、归纳性的信息，如上一年度发生的物流量、运输工具使用量、仓储量和装卸量等。这类信息的特点是恒定不变的，有很强的资料性。掌握了统计信息，就可以正确掌握过去的物流活动及其规律，指导物流战略发展和制订计划。

④支持信息是指对物流计划、业务、操作有影响的文化、科技、法律、教育等方面的信息，如物流技术革新、物流人才需求等。这些信息不仅对物流战略发展具有价值，而且对控制、操作物流业务也起到指导和启发的作用，是属于从整体上提高物流水平的一类信息。

(3) 按物流信息的来源不同分类，可以分为外部信息和内部信息。

①外部信息是发生在物流活动以外供物流活动使用的信息，如供货人信息、客户信息、订货信息、交通运输信息及来自企业内生产、财务等部门的与物流有关的信息。

②内部信息是来自物流系统内部的各种信息的总称。

(4)按加工程度不同分类,可以分为原始信息和加工信息。

①原始信息是指未加工的信息,是信息工作的基础,也是最有权威性的凭证性信息。

②加工信息是对原始信息进行各种方式和各个层次处理后的信息。这种信息是原始信息的提炼、简化和综合,它可以压缩信息存储量,并利用各种分析工具在海量数据中发现潜在的、有使用价值的数据和资料。

第二节 物流管理信息系统

一、物流管理信息系统的概念

物流管理信息系统(Logistics Management Information System,LMIS)是一个以人为主导,以物流企业战略优化、提高效益和效率为目的,利用计算机硬件、软件、网络通信设备以及其他办公设备进行物流信息的收集、传输、加工、储存、更新和维护,支持物流企业高层决策、中层控制、基层运作的集成化的人机系统。

物流管理信息系统是企业信息化的基础,也是企业物流信息系统中与企业业务层关系最密切的一个基础组成部分。物流信息系统通常包括物流管理信息系统、决策支持系统、专家系统、企业内部网、办公自动化系统等一系列信息系统。

二、物流管理信息系统的作用

物流管理信息系统主要实现物流业务处理层、信息查询层的功能,同时也实现部分信息分析层的功能,还包括结构化决策问题的建模与求解。

1. 物流业务处理层

(1)完成原始数据的收集,提供相应的合同、票据、报表,实现订单管理。

(2)及时处理订单管理、配货管理、运输管理、仓储管理、采购管理、流通加工和财务管理等企业相关业务,反馈和控制企业基层的日常生产和经营工作的信息。

(3)将收集、加工后的物流信息存储在数据库中,满足信息查询与分析的需求。

2. 信息查询层

(1)检索数据库中的现存信息和简单加工后的信息,满足企业和客户对相关物流信息的查询需求。

(2)提供对物流系统状况和货物、车辆的监视与跟踪功能。

(3)为顾客提供所需的网上查询和信息服务手段。

3. 信息分析层

根据用户需求,采取适当的计算方法和模型,对数据库、数据仓库中存储的数据进行加工分析,产生相关的分析报告,从而帮助企业经营管理者对企业的运行状况进行分析评估。

4. 决策支持层

对物流业务进行评估和成本-收益分析,主要包括业务量分析、经营成本分析、利润增长点分析、库存优化、配载优化及客户行为分析等功能,为企业高层领导及管理者提供相应的辅助决策服务。

三、物流管理信息系统的模式

从20世纪60年代至今,物流管理信息系统的模式经历了4个阶段。

1. 以作业为中心

把控制成品运输和仓储管理等单个物流作业作为目标,对作业进行局部改进,没有进行整体系统分析。典型的有成品运输管理系统和成品仓储管理系统。

2. 以成品流通为中心

将成品流通作为一个整体进行计划和控制,并寻找改进机会。成品流通管理系统包括成品运输管理系统、成品仓储管理系统及流通一体化管理系统。

3. 企业物流一体化

将原材料、在制品和成品的物流管理结合起来,形成企业物流一体化管理模式。从整个企业系统高度进行物流系统分析与设计,保证整个系统内物流效益最佳、成本最低、服务最好,如MRP系统。

4. 供应链物流一体化

在企业物流一体化管理模式的基础上,管理功能向企业上下游延伸。

四、物流管理信息系统的特点

尽管物流管理信息系统是企业经营管理系统的一部分,但是物流管理信息系统与企业其他的管理信息系统基本上没有太大的区别,如集成化加模块化、网络化加智能化的特征。但物流活动本身具有的时空上的特点决定了物流管理信息系统具有自身独有的特征。

1. 跨地域连接

在物流活动中,由于订货方和接受订货方一般不在同一场所,如处理订货信息的营业部门和承担货物出库的仓库一般在地理上是分离的,发货人和收货人不在同一个区域等,因此,这种在场所上相分离的企业或人之间的信息传送需要借助于数据通讯手段来完成。在传统的物流系统中,信息需要使用信函、电话、传真等传统手段传递,随着信息技术的发展,利用现代电子数据交换技术可以实现异地间数据的实时、无缝的传递和处理。

2. 跨企业连接

物流管理信息系统不仅涉及企业内部的生产、销售、运输、仓储等部门,而且与供应商、业务委托企业、送货对象、销售客户等交易对象,以及在物流活动中发生业务关系的仓储企业、运输企业和货代企业等独立企业之间有着密切关系。物流管理信息系统可以将这些企业内外的相关信息实现资源共享。

3. 实时性

物流管理信息系统一方面需要快速地将搜集到的大量形式各异的信息进行查询、分类、计算、储存,使之有序化、系统化、规范化,成为能综合反映某一特征的真实、可靠、适用而有使用价值的信息。另一方面,物流现场作业需要从物流管理信息系统获取信息,用以指导作业活动,即只有实时的信息传递,才能使信息系统和作业系统紧密结合,克服传统借助打印的纸质载体信息作业的低效作业模式。物流管理信息系统利用自动识别技术、GPS技术、GIS技术、网络通信技术等现代信息技术,对物流活动进行准确实时的跟踪和信息采集,并通过网络完成实时的信息处理,帮助企业对物流活动进行管理、满足客户要求。

4. 服务性

物流管理信息系统的目的是辅助物流企业进行事务处理,为管理决策提供信息支持。为了满足管理方面提出的各种要求,系统必须具备大量的基础数据(当前数据和历史数据、内部数据和外部数据)和管理功能模型(预测、计划、决策、控制)。

5. 易用性

物流管理信息系统要便于用户使用,友好的用户界面是实现这一点的基础。易用性是物流管理信息系统推广的重要因素。

6. 动态性

物流活动是一个动态的过程,随时空变化而变化。物流管理信息系统要能根据环境的变化及时作出调整,以适应新变化的要求,保证对物流过程的有效跟踪和控制。

7. 网络化

物流活动不再是运行在单机上,而是运行在网络环境下。因此,物流管理信息系统是网络化的系统,通过 Internet 实现上下游企业的有效沟通,从而更好地为用户服务。企业内部也可以通过 Internet 进行物流活动的跟踪和管理,提高物流活动的运作效率。

第三节　物流信息技术

信息技术是在信息科学的基本原理和方法指导下拓展人类信息处理能力的技术。人类的信息处理能力依靠感觉器官、神经系统、思维器官、效应器官四大类信息器官,其功能分别是获取信息、传递信息、处理信息和执行信息。人类信息器官的这些功能可以通过信息技术得到扩展。按照拓展人类信息器官功能不同,可以将信息技术划分为传感技术、通信技术、计算机技术、控制技术四类。

传感技术是信息的采集技术,对应于人的感觉器官,作用是扩展人类获取信息的感觉器官功能。传感技术包括遥感、遥测及各种高性能的传感器,如卫星遥感技术、红外遥感技术、热敏、光敏传感器及各种智能传感系统等。传感技术的应用极大地增强了人类搜集信息的能力。

通信技术是信息的传递技术,对应于人的神经系统,主要功能是实现迅速、准确、安全的信息传递。通信技术的出现使人类社会信息传播发生深刻的变化。

计算机技术是信息的处理和存储技术,对应于人的思维器官。计算机运行速度非常快,能自动处理大量的信息,并具有很高的精确度。计算机信息处理技术主要包括对信息的编码、压缩、加密和再生等技术。计算机存储技术主要包括内存储技术和外存储技术。

控制技术是信息的使用技术,对应于人的效应器官。控制技术是信息过程的最后环节,包括调控技术、显示技术等。

物流信息技术是指运用于物流领域的信息技术,是现代信息技术的重要组成部分,本质上属于信息技术的范畴。下面介绍几种典型的物流信息技术。

一、自动识别系统

1. 自动识别系统概念

自动识别系统(Radio Frequency Identification,RFID),即射频识别技术,俗称电子标签。自动识别系统(射频识别)是一种非接触式的自动识别技术,它通过射频信号自动识别目标对象并获取相关数据,识别工作无须人工干预,可工作于各种恶劣环境。自动识别系统技术可识别高速运动物体并可同时识别多个标签,操作快捷方便,方便查找、查询。

2. 自动识别系统特征

(1)可以识别单个的非常具体的物体,而不是像条形码那样只能识别一类物体。

(2)采用无线电射频,可以透过外部材料读取数据,而条形码必须靠激光来读取信息。

(3)可以同时识读多个物体,而条形码只能一个一个地读。

(4)储存的信息量非常大。

3. 自动识别系统构成

最基本的自动识别系统由以下三部分组成,但一套完整的系统还需具备数据传输和处理系统。

(1)标签(Tag)。由耦合元件及芯片组成,每个标签具有唯一的电子编码,附着在物体上识别目标对象。

(2)阅读器(Reader)。读取(有时还可以写入)标签信息的设备,可设计为手持式或固定式。

(3)天线(Antenna)。在标签和读取器间传递射频信号。

4. 自动识别系统工作原理

自动识别系统的基本工作原理并不复杂。标签进入磁场后,接收解读器发出的射频信号,凭借感应电流所获得的能量发送存储在芯片中的产品信息(Passive Tag,无源标签或被动标签),或者主动发送某一频率的信号(Active Tag,有源标签或主动标签);解读器读取信息并解码后,发送至中央信息系统进行有关数据处理。

5. 自动识别系统应用

(1)车辆自动识别治理。铁路车号自动识别是射频识别技术最普遍的应用。

(2)高速公路收费及智能交通系统。高速公路自动收费系统是射频识别技术最成功的应用之一,它充分体现了非接触识别的优势。在车辆高速通过收费站时完成缴费,解决了交通的瓶颈问题,提高了车行速度,避免了拥堵,提高了收费结算效率。

(3)货物跟踪、治理及监控。射频识别技术为货物的跟踪、治理及监控提供了快捷、准确、自动化的手段。以射频识别技术为核心的集装箱自动识别,成为全球范围最大的货物跟踪治理应用。

(4)仓储、配送等物流环节。射频识别技术目前在仓储、配送等物流环节已有许多成功的应用。随着射频识别技术在开放的物流环节统一标准的研究开发,物流业将成为射频识别技术最大的受益行业。

(5)电子钱包、电子票证。射频识别卡是射频识别技术的一个主要应用。射频识别卡的功能相当于电子钱包,可实现非现金结算。目前,其主要应用在交通方面。

(6)产品加工过程自动控制。射频识别技术主要应用在大型工厂的自动化流水作业线上,实现自动控制、监视,提高生产效率,节约成本。

(7)动物跟踪和治理。射频识别技术可用于动物跟踪。在大型养殖场,可通过采用射频识别技术,建立饲养档案、预防接种档案等,达到高效、自动化治理牲畜的目的,同时为食品安全提供了保障。射频识别技术还可用于信鸽比赛、赛马识别等,以准确测定到达时间。

二、电子订货系统

1. 电子订货系统概念

电子订货系统(Electronic Ordering System,EOS)是指将批发、零售商场所发生的订货数据输入计算机,通过计算机通信网络连接的方式将资料传送至总公司、批发商、商品供货商或制造商。

EOS能处理从新商品资料的说明到会计结算等所有商品交易过程中的作业,因此,可以说EOS涵盖了整个物流。在要求供货商及时补足售出商品的数量且不能有缺货的前提下,非常有必要采用EOS。EOS包含了许多先进的管理手段,因此,在国际上使用非常广泛,越来越受到商业界青睐。

2. 电子订货系统特点

(1)商业企业内部计算机网络应用功能完善,能及时产生订货信息。

(2)POS(销售时点信息系统)与EOS高度结合,产生高质量的信息。

(3)满足供应商与零售商之间的信息传递。

(4)通过网络传输信息订货。

(5)信息传递及时、准确。

(6)EOS是许多零售商和供应商之间的整体运作系统,不是单个零售商和单个供应商之间的系统。

电子订货系统在零售商和供应商之间建立起一条高速通道,使双方信息及时得到沟通,大大缩短了订货过程的周期,既保障了商品及时供应,又加速了资金周转,有利于实现零库存战略。

3. 电子订货系统组成

电子订货系统采用电子手段,完成供应链上从零售商到供应商的产品交易过程,因此,EOS必须包括:

(1)供应商(商品的制造者或供应者,即生产商或批发商)。

(2)零售商(商品的销售者或需求者)。

(3)网络(用于传输订货信息,包括订单、发货单、收货单、发票等)。

(4)计算机系统(用于产生和处理订货信息)。

4. 电子订货系统结构与类型

(1)电子订货系统结构。电子订货系统的构成包括订货系统、通讯网络系统和接单电脑系统。就门店而言,只要配备了订货终端机和货架卡(或订货簿),再配上电话和数据机,就可以说是一套完整的电子订货配置。就供应商而言,凡能接收门店通过数据机的订货信息,并可利用终端机直接作订单处理,打印出货单和检货单,就可以说已经具备电子订货系统的功能。但就整个社会而言,标准的电子订货系统绝不是"一对一"的格局,即并非单个的零售店与单个的供应商组成的系统,而是"多对多"的整体运作,即许多供应商和许多零售店组成的大系统的整体运作方式。

(2)电子订货系统类型。根据电子订货系统的整体运作程序来划分,大致可以分为以下三种类型。

①连锁体系内部的网络型。连锁门店有电子订货配置,连锁总部有接单电脑系统,是"多对一"与"一对多"相结合的初级形式的电子订货系统。

②供应商对连锁门店的网络型。其具体形式有两种:一种是直接的"多对多",即众多的不同连锁体系下的门店对供应商,由供应商直接接单发货至门店;另一种是以各连锁体系内部的配送中心为中介的间接的"多对多",即连锁门店直接向供应商订货,并告知配送中心有关订货信息,供货商按商品类别向配送中心发货,并由配送中心按门店组配向门店送货,是中级形式的电子订货系统。

③众多零售系统共同利用的标准网络型。其特征是利用标准化的传票和社会配套的信息管理系统完成订货作业。其具体形式有两种:一种是地区性社会配套的信息管理系统网络,即成立由众多中小型零售商、批发商构成的区域性社会配套的信息管理系统营运公司和地区性的咨询处理公司,为本地区的零售业服务,支持本地区 EOS 运行;另一种是专业性社会配套信息管理系统网络,即按商品性质划分专业,从而形成各个不同专业的信息网络。它是高级的电子订货系统,必须以统一的商品代码、统一的企业代码、统一的传票和订货的规范标准的建立为前提条件。

5. 电子订货系统配置

电子订货系统有多种类型,无论哪种类型的电子订货系统,皆以门店订货系统的配置为基础。门店订货系统配置包括硬件设备配置和电子订货方式确立。

(1)硬件设备配置。硬件设备一般由以下三个部分组成:

①电子订货终端机。其功能是将所需订货的商品和条码及数量,以扫描和键入的方式,暂时储存在记忆体中,当订货作业完成时,再将终端机与后台电脑连接,然后取出储存在记忆体中的订货资料,存入电脑主机。电子订货终端机与手持式扫描器的外形相似,但功能差异很大,其主要区别是:电子订货终端机具有存储和运算等功能,而扫描器只有阅读及解码功能。

②数据机。它是传递订货方与接单方电脑信息资料的主要通讯装置,其功能是将电脑内的数据转换成线性脉冲资料,通过专有数据线路,将订货信息从门店

传递给商品供方,供方以此来发送商品。

③其他设备。如个人电脑、价格标签及店内码的印制设备等。

(2)电子订货方式确立。EOS 的运作除硬件设备外,还必须有记录订货信息的货架卡和订货簿,并确立电子订货方式。常用的电子订货方式有三种:

①电子订货簿。电子订货簿是记录包括商品代码、商品名称、供应商代号、供应商名称、进价、售价等商品资料的书面表示。利用电子订货簿订货就是由订货者携带订货簿及电子订货终端机直接现场巡视缺货状况,再由订货簿寻找商品,对条码进行扫描并输入订货数量,然后直接接上数据机,通过电话线传输订货信息。

②电子订货簿与货架卡并用。货架卡就是装设在货架槽上的一张商品信息记录卡,显示内容包括中文名称、商品代码、条码、售价、最高订量、最低订量、厂商名称等。

③利用货架卡订货。不需携带订货簿,只要手持电子订货终端机,一边巡货,一边订货,订货手续完成后再直接接上数据机,即可将订货信息传输出去。

6. 电子订货系统操作流程

(1)在零售店的终端利用条码阅读器获取准备采购的商品条码,并在终端机上输入订货资料,利用 EDI 传到批发商的计算机中。

(2)批发商开出提货传票,并根据传票开出拣货单,实施拣货,然后根据送货传票进行发货。

(3)送货传票上的资料成为零售商店的应付账款资料及批发商的应收账款资料,并接到应收账款的系统中。

(4)仓库管理员或者零售商对送到的货物进行检验后,就可以入库或者陈列出售。

使用 EOS 时要注意订货业务作业的标准化,这是有效利用 EOS 系统的前提条件。商品代码一般采用国家统一规定的标准,这是应用 EOS 系统的基础条件;订货商品目录账册的设计和运用是 EOS 系统成功的重要保证;计算机以及订货信息输入和输出终端设备的添置是应用 EOS 系统的基础条件;在应用过程中需要制订 EOS 系统应用手册并协调部门间、企业间的经营活动。

三、电子数据交换技术

1. 电子数据交换概念

电子数据交换(Electronic Data Interchange,EDI)是采用标准化的格式,利用计算机网络进行业务数据的传输和处理。

EDI 是计算机与计算机之间结构化的事务数据交换,它是通信技术、网络技术与计算机技术的结晶。EDI 将数据和信息规范化、标准化在计算机应用系统间,直接以电子方式进行数据交换。EDI 是目前较为流行的商务、管理业务信息交换方式,它使业务数据自动传输、自动处理,从而大大提高了工作效率和效益。通俗地讲,EDI 就是一类电子邮包,按一定规划进行加密和解密,并以特殊标准和形式进行传输,如图 6-1 所示。

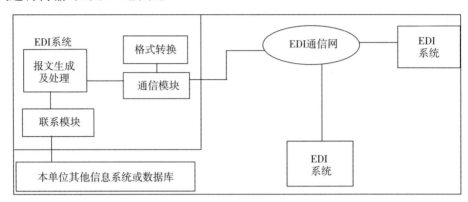

图 6-1　EDI 系统模型

EDI 是一种以结构化的信息形式在贸易伙伴间自动传递信息的通信方式,它为改善信息通信的效率提供了技术解决方案。最初的电子连接是建立在消费者和供应者之间的,随着即时系统和快速响应系统的增加,引发了 EDI 网络中其他代理者的需求,以保证整个贸易链上的有效性。如在运输业中,EDI 能够帮助提供装货电子单据、转运跟踪信息、货运单据、电子资金转账等业务。因此,大大减少了纸张处理,使信息能够及时存取。EDI 按照同一规定的一套通用标准格式,将标准的经济信息通过通信网络传输,在贸易伙伴的电子计算机系统之间进行数据交换自动处理,俗称"无纸贸易",被视为一场"结构性的商业革命"。

2. EDI 系统特点

(1) EDI 的使用对象是具有固定格式的业务信息和具有经常性业务联系的单位。

(2) EDI 传送的资料是一般业务资料,如发票、订单等,而不是指一般性的通知。

(3) 采用共同标准化的格式,这也是与一般 E-mail 的区别,联合国 EDIFACT 标准。

(4) 尽量避免人工的介入操作,由收送双方的计算机系统直接传送、交换资料。

(5) 与传真或电子邮件(E-mail)的区别是:传真与电子邮件需要人工的阅读判断处理才能进入计算机系统。传真与电子邮件需要人工将资料重复输入计算机系统中,不仅浪费人力资源,而且容易发生错误。

3. EDI 系统主要功能

(1) 电子数据交换。

(2) 传输数据的存证。

(3)报文标准格式转换。

(4)安全保证。

(5)提供信息查询。

(6)提供技术咨询服务。

(7)提供昼夜 24 小时不间断服务。

(8)提供信息增值服务等。

4. EDI 技术优势

EDI 之所以在世界范围内得到如此迅速的发展,是因为 EDI 有着现行的纸面单证处理系统所无法比拟的优势。这些优势主要体现在以下几个方面:

(1)数据的重复录入。根据国外调查分析,一台计算机输入的数据,70% 来自其他计算机的输出,这样可以提高信息处理的准确性,降低差错率。

(2)改善企业的信息管理及数据交换水平,有助于企业实施诸如"实时管理"或"零库存管理"等全新的经营战略。

(3)确保有关票据、单证的自理安全、迅速,从而加速资金周转。

(4)提高海关、商检、卫检、动植物检验等口岸部门的工作效率,加快货物的验放速度。

5. EDI 的分类

电子数据交换系统主要分为以下三类:

(1)国家专设的 EDI 系统。这是中国电子学会同八个部委确立的作为我国电子数据交换平台的系统,通过专用的广域网进行数据交换的运作。这种网络是由电子数据交换中心和广域网的所有节点构成,所有的数据通过交换中心实现交换并进行结算。

(2)基于 Internet 的 EDI 系统,也就是在互联网上运行电子数据交换。互联网的开放性使很多用户方便地介入电子数据交换系统,因此,在不同范畴广泛应用,而且基于 Internet 的 EDI 系统应当是针对数据安全性、保密性没有特殊要求的用户。同时互联网连接广泛,使电子数据交换系统覆盖大大扩展及运行成本大大降低。这种方式可以实现协议用户直接连接传递 EDI 信息,进行点对点(PTP)数据传递。

(3)通过专线的点对点电子数据交换系统。通过租用信息基础平台的数据传输专线、电话专线或自己铺设的专线进行电子数据交换,这种电子数据交换系统的封闭性较强。因为是专线系统,所以,其成本很高。

6. EDI 系统组成

EDI 系统一般由如下几部分组成:

(1)硬件设备。硬件设备包括贸易伙伴的计算机和调制解调器以及通信设施等。

(2)增值通信网络及网络软件。增值网(VAN)利用现有的通信网,增加 EDI 服务功能而实现的计算机网络,即网络增值。通信网目前包括如下几种:分组交换数据网(PSDV)、电话交换网(PSTN)、数字数据网(DDN)、综合业务数据网(ISDN)、卫星数据网(VSAT)、数字数据移动通信网。

(3)报文格式标准。EDI 是以非人工干预方式将数据及时准确地录入应用系统数据库中,并把应用数据库中的数据自动地传送到贸易伙伴的电脑系统,因此,必须有统一的报文格式和代码标准。

(4)应用系统界面与标准报文格式之间相互转换的软件。该软件的主要功能是代码和格式的转换等。

(5)用户的应用系统。EDI 是电子数据处理(Electronic Data Process,EDP)的延伸,要求各通信伙伴事先做好本单位的计算机开发工作,建立共享数据库。

7. 实现 EDI 的三项核心技术

EDI 涉及的技术十分广泛。概括地讲,实现 EDI 的三项核心技术是数据通信技术、标准化和计算机应用技术。

(1)数据通信技术。计算机的数据通信系统由计算机终端、主计算机、数据传输和数据交换装置四部分组成,它们通过通信线路连接成一个广域网络。计算机及其各类终端作为用户端点出现在网络中,它可以访问网上的任意其他节点,达到共享网上硬件和软件资源的目的。计算机及终端既是资源子网,也是整个计算机网络的端点,而这些节点之间完成通信线路的连接,并在通信线路中完成信息的交换。实现 EDI 的通信功能,受到通信技术的限制。随着通信技术与条件的多样化,呈现出多样化的特点,但它最终必然要统一于国际标准。EDI 通信方式有多种,许多应用 EDI 公司逐渐采用第三方网络与贸易伙伴进行通信,即增值网络(VAN)方式,它类似于邮局,为发送者与接收者维护邮箱,并提供存储转送、记忆保管、通信协议转换、格式转换、安全管制等功能。因此,通过增值网络传送 EDI 文件,可以大幅度降低相互传送资料的复杂度和困难度,大大提高 EDI 的效率。

(2)标准化。技术的标准化是现代工业高度发达的一个重要保证,是衡量一个国家工业化水平的重要标志,其意义有时甚至超过技术本身。

为了避免产生复杂和混乱的电子网络,满足错综复杂的电子数据交换,必须制定一套大家共同遵守的电子数据交换标准。使用计算机的机构必须在通信中建立统一的标准化的电信线路、传送速度,通信中认可的固定程序(如协议、数据格式化和总汇)及各种传递的商贸文件,"语言"等都要采用统一的编码单证格式、标准语言规则、标准的通讯协议等,从而使参与贸易的各方均能对传递的数据进行接受、认可、处理、复制、提取、再生和服务,实现整个环节的自动化。这是因为 EDI 的实现在不同国家和地区、不同行业内开展,并且应用的信息系统和通信手段各不相同。因此,统一的国际标准和行业标准是必不可少的。标准是实现 EDI 的保证,也是 EDI 的语言。标准化是实现 EDI 互通互联的前提和基础,要实现信息在不同的 EDI 系统、不同计算机平台上的交换,就必须制定统一 EDI 标准。目前,主要有以下几类标准:

通信标准:即 EDI 通信网络应建立在何种通信网络协议上,以保证网络互联。

EDI 报文标准:又称为文电标准,即各种报文类型格式、数据元编码、字段的语法规则及报表生成用的程序设计语言等。

EDI 处理标准:即研究 EDI 报文同其他管理信息系统、数据库的接口标准。

(3)计算机应用技术。有了标准和通信网络,就可以开展 EDI 工作。但 EDI 的成功应用取决于单位、行业,乃至整个社会的计算机综合应用水平。因此,必须把 EDI 和办公自动化、管理自动化、各种 MIS 和 EDP 系统、数据库系统以及 CAD、CIMS 等结合起来,才能更好地应用 EDI。

8. EDI 技术实施的限制因素

EDI 技术的应用无论对组织还是对个人来说都是一项新技术。很多因素决定着 EDI 的采用和推广,下面从三个方面讨论限制 EDI 技术实施的因素。

(1)环境因素。由于 EDI 应用是两个贸易伙伴之间的联合决策,环境因素对 EDI 应用有着重大的影响。各种经济的、社会的、政治的力量影响着两个贸易伙伴间的组织关系及 EDI 应用决策。在 EDI 研究中,主要考虑的环境因素包括:市场结构、环境的复杂性、不确定性和动态性;组织间关系的特性,如力量、依赖性、信任度和气氛。从市场营销和组织行为考虑,影响 EDI 应用的环境因素主要有竞争压力、企业间的依赖关系、贸易伙伴间的信任、支持者的鼓励等。

①竞争压力。竞争强度是影响 EDI 应用的一个重要因素。适度竞争使企业采用新的改革措施来保持其竞争优势,而竞争优势是靠保持持续技术优势获得的。在建立两个企业间 EDI 连接中,如果一个企业最初使用 EDI,要么采用强制手段,要么提供技术支持,使另一方也采用 EDI。当第一个使用者从 EDI 应用中获得明显收益时,其伙伴企业可能还没有意识到这项技术的益处。研究表明,最初使用 EDI 者比后来使用者得到的好处更多。

②企业间的依赖关系。在美国大型零售业中,像沃尔玛已经声称要停止与不使用 EDI 传输订单的供应商进行商业活动,汽车制造业也是如此。同时,最初使用 EDI 的企业可以要求那些非常依赖他们生意的贸易伙伴采用 EDI。研究表明,企业间的依赖关系及最初使用 EDI 企业的影响力,是决定 EDI 应用的一个非常重要的因素。

③贸易伙伴间的信任。贸易伙伴间的信任及社会政治气候是非常重要的。EDI 应用是基于与消费者很好的关系而不是力量依赖关系。企业间应达到这样

的信任水平:供应商自动使用消费者计算机产生的订单作为其生产计划的输入,而无需任何人工干预,且不需要纸面文件或声音方式的订单确认,贸易伙伴还应该有信心友好地处理由于任何错误导致的问题。当两个贸易伙伴间存在着一种平衡的力量关系时,信任就成为建立组织间电子连接的重要因素。

④支持者的鼓励。支持者的鼓励将会大大增加 EDI 应用。EDI 应用的开创者可以提供鼓励和技术支持来推动 EDI 应用,对于愿意迅速扩大他们 EDI 链的企业,必须为其没有应用经验的贸易伙伴提供支持,并帮助他们完成实施工作。

(2)组织因素。

①高层领导的作用。高层领导的支持对 EDI 的成功采用是非常重要的,而高层管理者的战略机遇意识和长远眼光是 EDI 应用的关键因素。

②倡导者的作用。倡导者可以描述为有很高热情的人,他们实施新技术改革,并在组织内推动改革,在用户间创建改革意识和增强印象。当需要说服贸易伙伴时,倡导者就变得更加重要。例如,在与电信有关的项目实施中,项目倡导者对项目的成功实施起着关键的作用。

③组织规模。较大的组织有较强的能力提供 EDI 应用所需要的资源,而较小的企业更具有灵活性和开放的革新思想,但技术知识和资源缺乏阻碍了小企业信息技术的应用。因此,较小企业采用 EDI 应用的可能性较小。

(3)技术因素。

一项新技术是否被采用,主要受以下四个因素的影响。

①相对优势。相对优势是指新技术与现有方式比较所具有的优势,在组织决策中,一项新技术所提供的政治社会效益是一个非常重要的因素。EDI 具有许多益处,如降低交易成本、获得贸易机会等。

②兼容能力。兼容能力描述了新技术对现有价值观、过去经验的潜在应用的连续性。EDI 应用给工作过程带来巨大的变化,因为它采用电子手段,代替了许多基于纸介质的手工操作,可能会引起整个部门的业务重组,使一些人失去工作或重新定位。因此,一项新技术与现有的工作过程、信念、价值观越兼容,它被采用的可能性就越大。

③复杂程度。复杂程度是指新技术被理解和应用的困难程度。如果组织中缺少应用新技术的技术力量,组织就会认为这项技术太复杂而不采用它。在 EDI 应用中,由于较小企业的技术力量相对薄弱,把技术复杂性看成是采纳 EDI 的关键因素。

④应用成本。应用成本是指采用新技术所需要的投入,包括资金、设备、人员、技术等方面的投入。如果一项新技术的应用成本太高,而由其带来的效益不明显且不能在短期内收回投资,就势必影响该技术的推广应用。EDI 应用需要不

断的资金投入(包括应用集成费用、入网费用、信息传输费用等),如果这些投入不能给企业带来明显效益,就会影响 EDI 的采用。

9. EDI 在供应链管理过程中的应用

EDI 是一种信息管理或处理的有效手段,EDI 主要应用于以下企业:

(1)制造业。JIT 及时响应以减少库存量及生产线待料时间,降低生产成本。

(2)贸易运输业。快速通关报检,经济适用运输资源,降低贸易运输空间,避免浪费成本与时间。

(3)流通业。QR 快速响应,减少商场库存量与空架率,加速商品资金流转,降低成本。建立物资配送体系,完成产、存、运、销一体化的供应链管理。

(4)金融业。EFT 电子转账支付,减少金融单位与其客户间交通往返的时间与现金流动风险,并缩短资金流动所需时间,提高客户资金调度的弹性。在跨行业服务方面,使客户享受不同金融单位所提供的服务,提高金融业的服务品质与项目。

EDI 应用获益最大的是零售业、制造业和配送业。在这些行业中的供应链上,应用 EDI 技术使传输发票、订单过程达到很高的效率。

四、销售时点信息系统

1. 销售时点信息系统概念

销售时点信息系统(Point Of Sale,POS)是一种商品销售信息系统,是指利用光学式自动读取设备,按照商品的最小类别读取实时销售信息,以及采购、配送等阶段发生的各种信息,并通过通信网络和计算机系统传送至有关部门进行分析加工处理和传送,便于各部门根据各自的目的,有效利用上述信息提高经营效率的系统。该系统在销售的同时,采集每一种商品的销售信息并传送给计算机,计算机通过对销售、库存、进货和配送等信息进行处理和加工,为企业进、销、存提供决策依据。

2. 销售时点信息系统分类

(1)金融类 POS 分类。

①消费 POS:特约商户 POS 按功能分为商业 POS 和酒店 POS,主要功能是完成持卡人消费、错账冲正、凭证打印、酒店消费预授权、余额、支付名单查询等。

②转账 POS:主要用于持卡人代理收费性中间业务。

③财务 POS:或结算 POS,主要用于企事业单位车旅费等方面的报销。

④外卡 POS:在特约商户安装的专门用于国外银行卡的 POS。

⑤支票 POS:专门受理企业签发转账支票的 POS。

(2)商业类 POS 分类。

①小型便携型POS终端系统是一种体积小的终端处理器,其内部组装了扫描器、译码器、显示器和数据处理器。它适用于火车、飞机、轮船等移动性售货场所。最后销售完成后,将销售数据自动传送到主计算机处理。

②可进行大量事务处理的POS系统,如商业营业、仓库管理等。

③在POS基础上发展起来的EDI电子自动装货、供货系统。

3. 销售时点信息系统组成

POS系统是第一线的便民服务系统,它包含前台POS系统和后台MIS系统两大基本部分,如图6-2所示。

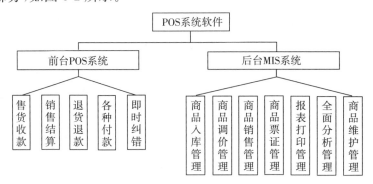

图6-2 POS系统组成

(1)前台POS系统。前台POS系统通过自动读取设备(如收银机)在销售商品时直接读取商品销售信息,以实现前后销售业务的自动化,对商品交易进行实时服务和管理,并通过通信网络和计算机系统传送至后台,通过MIS系统的计算、分析和汇总商品销售的各种信息,为企业分析经营成果、测定经营方针提供依据,提高经营效率。

前台POS系统应具有如下功能:

①日常销售。完成日常的售货收款工作,记录每笔交易的时间、数量、金额,进行销售输入操作。如果遇到条码不识读等现象,系统应允许采用价格或手工输入条码号进行查询。

②交班结算。进行收款员交班时的收款小结、大结等管理工作,计算并显示本班交班时的现金及销售情况,统计并打印收款机全天的销售金额及各售货员的销售额。

③退货。退货功能是日常销售的逆操作。为了提高商场的商业信誉,更好地为顾客服务,在顾客发现商品出现问题时,允许顾客退货。此功能记录退货时商品种类、数量、金额等,便于结算管理。

④支持各种付款方式。可支持现金、支票、信用卡等不同的付款方式,以方便不同顾客的要求。

⑤即时纠错。销售过程中出现的错误能够立即修改更正,保证销售数据和记录的准确性。

(2)后台MIS系统。后台MIS系统又称管理信息系统,它负责整个商场进、销、调、存系统的管理和财务管理、库存管理、考勤管理等。它根据商品进货信息对厂商进行管理,也根据前台POS系统提供的销售数据,控制进货量,合理周转资金;还可以分析统计各种销售报表,快速准确地计算成本与毛利,也可以对员工业绩进行考核。

后台MIS软件的功能如下:

①商品入库管理。对入库的商品进行输入登录,建立商品数据库,实现对库存的查询、修改、报表及商品入库验收单的打印等功能。

②商品调价管理。有些商品的价格随季节和市场等变动,本系统应具有对这些商品所进行的调价管理功能。

③商品销售管理。根据商品的销售记录,实现商品的销售、查询、统计、报表等管理,并能对各收款机、收款员、售货员等进行分类统计管理。

④单据票证管理。实现商品的内部调拨、残损报告、变价调动、仓库验收、盘点报表等各类单据票证管理。

4. 销售时点信息系统特点

(1)有效管理。POS系统可以进行有效的商品单品管理、职工管理和顾客管理等。过去零售业常规收银机只能处理收银、发票、结账等简单销售作业,得到的管理情报极为有限,仅限于销售总金额、部门销售基本统计资料。

(2)信息采集。POS系统可以自动读取销售时点的信息,进行信息采集和集中管理。它不是通过传统的手敲的收银机,而是依靠装有自动读取设备的收银机。

(3)连接供应链的有力工具。POS系统除能提供精确销售情报外,还能通过销售记录掌握卖场上所有单品库存量,供采购部门参考或与EOS系统连接。

5. 销售时点信息系统作用

美国零售业协会曾对零售业运用POS系统作过一项调查,该调查显示,80%的零售业者认为"POS系统是零售业唯一的方向"。由此可见,现代的零售业离不开POS,超级市场经营管理更离不开POS系统的运用,这是因为POS系统的作业功能和管理功能为超级市场带来了巨大的利益。

(1)POS系统的作业功能。

①超级市场在进行收银结算时,POS收银机会自动记录商品销售的原始资料和其他相关的资料,并根据电脑程序设计要求,且有一段时间的保证记录期。

②POS收银机会自动储存、整理所记录的全日的销售资料,反映每一个时点、时段和即时的销售信息,作为提供给后台电脑处理的依据。

③POS收银机上的小型打印机可打印出各种收银报表、读账、清账和时段部门账。

④超市连锁公司总部的中央电脑可利用通讯联网系统向每一家超市门店输送下达管理指令、商品价格变动、商品配送等资料。

⑤中央电脑还可统计分析出每个门店的营业资料,产生总部各部门所需要的管理信息资料,作为总部决策的依据。

⑥POS系统能迅速、准确地完成前台收银工作,同时保存完整的记录。

(2)POS系统的管理功能。

①POS系统能迅速、准确地获得商品销售信息,在商品管理上有助于调整进货和商品结构,减少营业损失,抓住营业机会。

②可作为商品价格带管理,作为促进销售和进货最有力的依据。

③可作为消费对象管理,有的放矢地管理商品进货和销售。

④可作为营业时间带管理,合理地配备营业人员,节省人工费用。

⑤大大节省营业人员编制报表的时间,有益于现场实际销售作业。

⑥POS系统可分类别地对商品进行ABC分析,也可根据营业资料做超级市场与上周、上月和上年同期增加的比较分析,经营者可据此制定出企业发展的营业计划等。

运用POS系统这一现代科学的管理手段,为超级市场提供更迅速、更精确、更有用的信息资料,为决策提供可靠的依据。超级市场在流通中的市场独立地位的确立,离不开POS系统,超级市场对消费趋势的把握及对新消费需求的创造也离不开POS系统。超级市场就是凭借POS系统所把握的消费未来,主动地引导工业生产。运用POS系统会大大降低超级市场的库存,提高销售的能力,大大提高商品的周转率和毛利率。

我国的零售业正经历着一场革命,零售业正向规模化、连锁化和顾客导向化的经营方式发展,传统的零售业管理方式已无法适应这种发展的需要。作为商业自动化的一种现代管理手段,其作用和带给超级市场及其他零售业的利益将是十分巨大的。

6. 销售时点信息系统工作流程

(1)零售商销售商品都贴有表示该商品信息的条形码标签。

(2)顾客购买商品结账时,收银员使用扫描读数仪自动读取商品条形码标签上的信息,通过店铺内的微型计算机确认商品的单价,计算顾客购买总金额等,同时返回给收银机,打印出顾客购买清单和付款总金额。

(3)各个店铺的销售时点信息通过VAN传送给总部或物流中心。

(4)总部、物流中心和店铺利用销售时点信息来进行库存调整、配送管理、商品订货等作业。通过对销售时点信息进行加工分析来掌握消费者购买动向,找出畅销商品和滞销商品,进行商品品种配置、商品陈列、价格设置等方面的作业。

(5)在零售商与供应链的上游企业(如批发商、生产厂家、物流业者等)结成战略联盟的条件下,零售商利用 VAN 以在线的方式把销售时点信息传送给上游企业。上游企业利用销售现场的最及时准确的销售信息,制定经营计划,进行决策。

7. 销售时点信息系统应用

(1)单品管理、职工管理和顾客管理。零售业的单品管理是指对店铺陈列展示销售的商品以单个商品为单位进行销售跟踪和管理的方法。由于 POS 信息即时准确地反映了单个商品的销售信息,因此,POS 系统的应用使高效率的单品管理成为可能。

顾客管理是指在顾客购买商品结账时,通过收银机自动读取零售商发行的顾客 ID 卡或顾客信用卡,把握每个顾客的购买品种和购买额,从而对顾客进行分类管理。

职工管理是指通过 POS 终端机上计时器的记录,对职工的出勤状况和工作效率进行考核。

(2)自动读取销售时点的信息。在顾客购买商品结账时,POS 系统通过扫描读数仪自动读取商品条形码标签或 OCR 标签上的信息,在销售商品的同时获得实时的销售信息是 POS 系统的最大特征。

(3)信息的集中管理。在各个 POS 终端获得的销售时点信息以在线连接方式汇总到企业总部,与其他部门发送的有关信息一起由总部的信息系统加以集中并进行分析加工。例如,把握畅销商品和滞销商品以及新商品的销售倾向,对商品的销售量和销售价格、销售量和销售时间之间的相关关系进行分析,对商品店铺陈列方式、促销方法、促销期间、竞争商品的影响进行相关分析等。

(4)连接供应链的有力工具。供应链参与各方合作的主要领域之一是信息共享,而销售时点信息是企业经营中最重要的信息之一,它能及时把握顾客的需要信息,供应链的参与各方可以利用销售时点信息并结合其他的信息来制定企业经营计划和市场营销计划。

五、地理信息系统(GIS)

1. 地理信息系统的概念

地理信息系统(Geographical Information System,GIS)是由计算机软硬件环境、地理空间数据、系统维护和使用人员四部分组成的空间信息系统,可对整个或部分地球表层(包括大气层)空间中有关地理分布数据进行采集、储存、管理、运算、分析显示和描述。

虽然 GIS 是一门多学科综合的边缘学科，有多种定义方式，但其核心是计算机科学，基本技术是数据库、地图可视化及空间分析。它是用于获取、处理、分析、访问、标示和在不同用户、不同系统和不同地点之间传输数字化空间信息的系统。它作为计算机信息系统的一类，属于计算机软件的范畴。GIS 是多种学科交叉的产物，其基本功能是将表格性数据（无论它来自数据库、电子表格文件或直接在程序中输入）转换为地理图形显示，然后对显示结果进行浏览、操作和分析，其显示范围是从洲际地图到非常详细的街区地图。现实对象包括人口、销售情况、运输路线以及其他内容。

2. GIS 理论基础

GIS 理论基础主要有两大支柱，即地球科学和信息科学。前者涉及地球空间信息及其关系信息的获取、分类模型及语义表示中的理论问题和实践问题；后者则涉及信息的组织、存储、处理、可视化表示及传统传输中的理论问题和实践问题。GIS 的技术基础包括遥感技术、定位技术和信息技术的各个方面。

3. GIS 应用

GIS 应用于物流分析，主要是指利用 GIS 强大的地理数据功能来完善物流分析技术。国外公司已经开发出利用 GIS 为物流分析提供专门分析的工具软件。完整的 GIS 物流分析软件集成了车辆路线模型、网络物流模型、分配集合模型和设施定位模型等。

(1) 车辆路线模型。该模型用于解决一个起始点、多个终点的货物运输中，降低物流作业费用，并保证服务质量的问题，包括决定使用多少辆车、每辆车的路线等。

(2) 网络物流模型。该模型用于解决寻求最有效的分配货物路径问题，也就是物流网点布局问题。例如，将货物从 N 个仓库运往 M 个商店，每个商店都有固定的需求量，因此，需要确定由哪个仓库提货送给哪个商店，所消耗的运输代价最小。

(3) 分配集合模型。该模型可以根据各要素的相似点，把同一层次上的所有或部分要素分为几个组，用于解决服务范围和销售市场范围等问题。例如，某一公司要设立 X 个分销点，要求这些分销点覆盖某一地区，而且每个分销点的客户数目大致相等。

(4) 设施定位模型。在物流系统中，仓库和运输线共同组成了物流网络，仓库处于网络的节点上，节点决定着线路。该模型用于解决如何根据供求的实际需要并结合经济效益等原则，在既定区域内设立多少个仓库、每个仓库的位置、每个仓库的规模以及仓库之间的物流关系等问题。

六、全球卫星定位系统

1. 全球定位系统概念

全球定位系统(Global Positioning System,GPS)是由一组卫星组成的,24小时提供高精度的全球范围的定位和导航信息的系统。

全球定位系统是具有在海、陆、空进行全方位实时三维导航与定位能力的系统。近十年来,我国测绘等部门使用GPS的经验表明,GPS以全天候、高精度、自动化、高效益等显著特点,赢得广大测绘工作者的信赖,并成功地应用于大地测量、工程测量、航空摄影测量、运载工具导航和管制、地壳运动检测、工程变形监测、资源勘查、地球动力学等学科,给测绘领域带来一场深刻的技术革命。

2. GPS的基本构成

GPS由三大子系统构成:空间卫星系统、地面监控系统、用户接收系统。

(1)空间卫星系统。空间卫星系统由均匀分布在6个轨道平面上的24颗(其中3颗为备用)高轨道卫星构成,轨道高度为2万千米,每颗卫星都配备有精度极高的原子钟(30万年的误差仅为1秒)。各轨道平面相对于赤道平面的倾角为55度,各个轨道平面之间的角度为60度,即轨道的开交点赤经各相差60度。在每一轨道平面内,各卫星之间的开交角距相差90度,一个轨道平面上的卫星比西边相邻轨道平面上的相应卫星超前30度。GPS空间卫星的这种分布方式,可以保证在地球上的任何地点都能连续同步地观测到至少4颗卫星,从而提供全球范围从地面到2万千米高空任一载体高精度的三维位置、三维速度和系统时间信息。

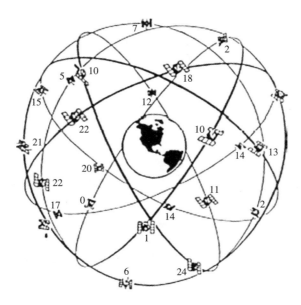

图6-3 GPS卫星轨道分布

(2)地面监控系统。地面监控系统由均匀分布在美国本土和三大洋的美军基地上的5个监测站、2个主控站和3个数据注入站构成。这些子系统的功能是对空间的卫星系统进行监测、控制,并向每颗卫星注入更新的导航电文。主控站是整个GPS系统的核心,它的功能是为全系统提供时间基准,监视、控制卫星的轨道,处理监测站送来的各种数据,编制各卫星星历,计算和修正时钟误差及电离层对电波传播造成的偏差,当卫星失效时及时调用备用卫星等。监测站负责对各卫星进行连续跟踪和监视,测量每颗卫星的位置和距离差,采集气象数据,并将观测数据传送给主控站进行处理。5个监测站均为无人值守的数据采集中心。

(3)用户接收系统。用户部分主要是GPS接收机,它接收卫星发射的信号并利用本机产生的伪随机噪声码取得距离观测量和导航电文,根据导航电文提供的卫星位置和钟差改正信息计算用户的位置。用户接收机按使用环境可分为低动态接收机和高动态接收机;按所要求的精度可分为C/A接收机和双频精码(P码)接收机。根据不同的需要,用户设备可分为机载、舰载、车载、弹载、背负式及袖珍式等不同类型。除弹载外,一般都需装有显示器进行人机对话。

3. GPS的应用

近年来,GPS在物流领域的应用越来越多,主要有GPS导航系统与电子地图、无线电通信网络结合,可以实现车辆跟踪和交通管理等功能。

(1)用于汽车自定位、跟踪调度。利用GPS和电子地图可以实时显示车辆的实际位置,并任意放大、缩小、还原、换图;可以随目标移动,使目标始终保持在屏幕上;还可以实现多窗口、多车辆、多屏幕同时跟踪。利用该功能可对重要车辆和货物进行跟踪运输。

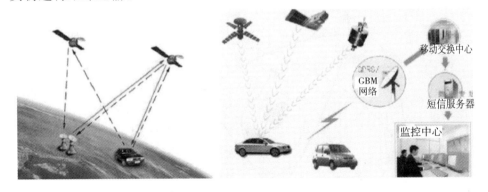

图6-4 GPS汽车导航系统

(2)提供出行线路的规划和导航。规划出行线路是汽车导航系统的一项重要辅助功能,包括:

①自动线路规划是指由驾驶员确定起点、终点和途经点等,自动建立线路库,计算机软件按照要求自动设计最佳线路,包括最快路线、最简单的路线、通过高速

公路路段次数最少的路线等。

②人工线路设计是指由驾驶员根据自己的目的地设计起点、终点和途经点等,自动建立线路库,线路规划完毕后,显示器能够在电子地图上显示设计线路,同时显示汽车运行路径和运行方法。

(3)信息查询。GPS为用户提供主要物标,如旅游景点、宾馆、医院等数据库,用户能够在电子地图上根据需要进行查询。查询资料以文字、语言及图像的形式显示,并在电子地图上显示查询位置。同时,检测中心可以利用检测控制台对区域内任意目标的所在位置进行查询。车辆信息将以数字形式在控制中心的电子地图上显示出来。

(4)话务指挥。指挥中心可以检测区域内车辆的运行情况,对被检测车辆进行合理的调度,指挥中心可随时与被跟踪目标通话,实行管理。

(5)紧急援助。通过GPS定位和监控管理系统,可以对有险情或发生事故的车辆进行紧急援助。监控台的电子地图可显示求助信息和报警目标,规划出最优援助方案,并以报警声、光提醒值班人员进行应急处理。

(6)用于铁路运输管理。我国铁路开发的基于GPS的计算机管理信息系统,可以通过GPS和计算机网络实时收集全路列车、机车、车辆、集装箱及所运货物的动态信息,实现列车、货物追踪管理。即只要知道货车的车种、车型、车号,就可以立即从近10万千米的铁路网上流动着的几十万辆货车中找到该货车,还能得到该货车现在在何处运行或停在何处,以及所有的车载货物发货信息。铁路部门运用GPS技术可大大提高其运营的透明度,为货主提供更高质量的服务。

(7)用于军事物流。全球卫星定位系统首先是为军事而建立的。在军事物流中,如后勤装备的保障等方面,应用相当普遍。尤其是美国,其在世界各地驻扎的大量军队无论是在战时还是在平时,都对后勤补给提出更高要求。在战争中,如果不依赖GPS,美军的后勤补给就会变得一团糟,在20世纪末的地区冲突中,GPS和其他顶尖技术为美军提供了强有力的、可见的后勤保障。

(8)用于特大桥梁的控制测量。由于GPS无需通视,可构成较强的网形,提高点位精度,同时对检测常规测量的支点也非常有效。例如,在江阴长江大桥的建设中,首先用常规的方法建立了高精度边角网,然后利用GPS对该网进行了监测,GPS监测网达到了毫米级精度,与常规精度网结果比较符合。GPS技术还在隧道测量中具有广泛的应用前景,其测量无需通视,减少了常规方法的中间环节,因此,具有明显的经济效益和社会效益。

第四节 电子物流

电子物流是在信息技术和电子商务飞速发展的情况下,现代物流发展的最新成果。物流服务市场所面对的是跨行业、跨地区的众多的供需方和数量庞大、随时发生的物流商务活动,为了使物流供需双方方便、快捷地达成物流服务,物流的电子化、网络化、自动化成为必然选择。

从事全球物流发展趋势研究的制造业、物流以及供应链解决方案的领头羊企业——美国 ARC 顾问集团发布报告指出,电子物流业已成为美国增长最快的行业之一。美国的物流公司正纷纷引进和安装在物流经营人和客户之间能双向交流和信息共享的高科技电子信息网络软件。重庆港务物流集团有限公司宣布,重庆港参与研发"西部内河港物流系统开发"项目,标志着重庆港物流也已经步入电子物流时代。重庆港凭借该平台,使集装箱吞吐量增长 200%,货运吞吐量翻一番,企业采购周期从 30 天缩短为 7 天,仓储面积降低 30%,物流成本由常规企业的 25% 降低到 18%。

一、电子物流概念与特点

1. 电子物流概念

电子物流(E-Logistics)也可称为物流电子化或物流信息化,是指利用电子化的手段,尤其是利用互联网技术来完成物流全过程的协调、控制和管理,实现从网络前端到最终客户端的所有中间过程服务。其最显著的特点是各种软件与物流服务的融合应用。电子物流的目的是通过物流组织、交易、服务、管理方式的电子化,使物流商务活动能够方便、快捷地进行,以实现物流的速度、安全、可靠、低费用。

电子物流包含了物流的运输、仓储、配送等业务流程中组织方式、交易方式、管理方式、服务方式的电子化,通过对物流业务实现电子化,改革现行物流体系的组织结构,通过规范、有序的电子化物流程序,实现在线追踪发出的货物、在线规划投递路线、在线进行物流调度、在线进行货运检查等,从而使物流管理进入一个充分利用现有资源、降低物流成本、提高物流运行效率的良性轨道。

电子物流既是一个整合性物流管理平台,又是一个物流电子化指挥系统。它能将产、供、销各个环节中的信号、数据、消息、情报等通过信息技术进行系统的智能采集和分析处理,并配合决策支持技术对企业物流系统中涉及的各个物流环节及部门进行有效的组织和协调,使物流商务活动能够方便、快捷、安全、可靠地进行,从而实现企业物流管理和决策的高效率和好效果。

2. 电子物流特点

(1)信息化。物流信息化表现为物流信息的商品化、物流信息搜集的自动化、物流信息处理的电子化和计算机化、物流信息传递的标准化和实时化及物流信息存储的数字化等。信息化是一切的基础,没有物流的信息化,任何先进的技术设备都不可能应用于物流领域。

(2)自动化。物流自动化的基础是信息化,核心是机电一体化,外在表现是物流活动的程序化批处理。物流自动化的效果是省人、省力,还可以扩大物流作业能力,提高劳动生产率,减少物流作业的差错等。物流自动化的设施非常多,如条码、射频自动识别系统、货物自动分拣与自动存取系统、自动导向车及货物自动跟踪系统等。

(3)网络化。物流网络化是物流配送系统的计算机信息网络,包括物流配送中心与供应商或制造商的联系要通过计算机网络,与下游顾客之间的联系也要通过计算机通信网络。比如,物流配送中心向供应商提出订单过程,就可以使用计算机通信方式,借助于增值网上的电子订货系统和电子数据交换技术来自动实现,物流配送中心通过计算机网络收集下游客户订单的过程也可以自动完成。

(4)智能化。物流智能化是物流自动化、信息化的一种高层次应用。物流作业过程中大量的运筹和决策,如库存水平的确定、运输(搬运)路径的选择、自动导向车的运行轨迹和作业控制、自动分拣机的运行、物流配送中心经营管理的决策支持等都需要借助于人工智能相关技术。

二、电子物流效益分析

发展电子物流企业主要有两种形式:第一种是从电子商务企业向物流企业延伸。信息查询和交易在网上进行,物流业务由物流公司负责,各种要素的整合由电子商务企业完成。例如,委托电子商务企业代为选择物流企业、物流方式和运输手段,代付运费、保管费、保险费及结算货款,提供信息查询功能等,物流企业只负责保管、分拣、加工、配送和运输服务工作。第二种是从物流企业向电子商务延伸。信息查询、交易、货物送达由物流企业完成,如以仓库和物流中心为基地,卖者将货物存入仓库,并在网上发布销售信息,一旦卖者与买者在网上达成购销协议,仓库将锁定卖者的库存货物,买方款到发货,并由仓库将货款支付给卖方。

无论采用哪种形式将电子商务与现代物流有机结合成为电子物流,建立电子物流均可实现多种效益。

1. 提高车辆运输效率,节省企业物流费用

电子物流是定位在电子物流信息市场,以 Internet 为媒体建立的新型信息系统。它将企业或货主的物流信息及运输公司可以调用的车辆信息上网确认后,双方签订运输合同。即货主将要运输的货物种类、数量及目的地等上网确认,运输公司将现有车辆的位置及可以承接运输任务的车辆信息通过互联网提供给货主,根据这些信息,双方签订运输合同。快捷的信息服务支持,可以大大提高车辆的运输效率,为企业节省物流费用。

2. 同时实现电子贸易和电子结算签约,缩短物流费用支付结算时间

根据国际商会的电子贸易和结算规则,今后的国际贸易将基于 Internet 进行交易,其流程为:

(1)卖方利用买方的公开密钥加密发价报文并且数字签名后交给买方,同时在报文上面加上数字时间戳。

(2)买方利用其私人密钥破译报文并且证明卖方的数字签名有效。买方同时加密并数字签名一份接受发价的报文,将其返还给发价人,达成一份电子合同,一个数字时间戳附在报文上面证明接受发价的日期和时间。

(3)在一份电子合同中详细规定了卖方获得付款所必须履行的义务,包括第三方服务的提供者(货物转运人、承运人、保险代理、海关等)的义务,送交给第三方服务提供者的指示必须加密及数字签名并附上数字时间戳。

(4)第三方服务提供者完成义务后,发送一条加密、数字签名、盖有数字时间戳的报文,证明其义务已完成。

(5)根据电子合同,所有的付款要求满足后,卖方给买方发送一条加密、数字签名并附有数字时间戳的报文,证明合同条款已经履行并通知付款。

(6)一旦确信所有的付款要求均已满足,买方可以通过电子支票和信用卡进行付款或通过金融中介付款。

(7)根据付款或承兑,卖方发送数字签名、加密及附有数字时间戳的报文给第三方服务提供者,指示其向买方转移货物所有权。随着代表货物所有权的电子单据转移给买方,买方可以收取货物。

采用电子贸易和结算方式,可以大大缩短传统贸易和结算方式所花费的时间,提高效率,减少成本。

3. 对在物流过程中各种货物的运输流动轨迹进行准确的了解和把握

物流服务提供方通过电子信息技术,在物流运行的各个中转站及时输入货物目前的状态,如货物是否完好无缺、货物从何处到达、下一站将抵达何处、所搭乘的交通工具是什么、何时出发、何时抵达等,可以随时登录物流服务方的网站,查询所发货物的运输流动轨迹,及时准确地了解和把握货物的状态。

4. 大幅度降低沟通成本和顾客支持成本

传统物流的通信手段主要有电话、传真等。传统的利用 EDI 技术的供应链管理方法存在着建立和维持 EDI 系统费用大、用户数目有限的局限性,而电子物流大量应用互联网技术,具有公开标准、使用方便、超低成本、标准图形用户界面等特点,使利用互联网的供应链管理方法具有低成本、适时动态性和顾客推动的特征。因此,可以大幅降低沟通成本,拥有庞大且迅速发展的用户群。

5. 促进环保

物流靠各种交通工具来保障,如汽车、火车、轮船、飞机等,这些交通工具的运行会排放对环境产生污染的物质。电子物流能大大提高运输工具的使用效率,降低空载率,使交通工具的使用更合理,从而减少不必要运输,减少燃料消耗,降低有害物质排放,促进环保。

三、实施电子物流关键因素和步骤

1. 电子物流实施成功的关键因素

(1)实时物流信息系统的应用,改善物流价值链。
(2)基于网络的库存控制和订货系统。
(3)支持中小企业开拓业务(战略联盟)。
(4)客户担保。
(5)公司地点。
(6)发展与大型物流企业的合作关系。
(7)关注客户群,了解客户。
(8)网络和客户关系管理。
(9)将专业知识与信息技术融合。
(10)业务伙伴关系。

新经济企业都专注于核心优势,提供实时信息、全球化的服务需求、关键绩效指标的可视性及供应链运作中的合作和电子商务的发展。因此,让合作伙伴对本地市场环境有一个清晰的认识是很重要的。在电子物流服务公司选择合作伙伴时,信誉度和美誉度是两个关键标准,坚持绩效的及时性和彻底性也同样重要。

电子物流在未来将成倍增长,同时将极大地影响行业定价和收费方案。新经济下的物流行业总体成功的关键因素是建立在以信息为基础的供应链,持续改进,并在不断变化的客户需求的情况下,提供更多的灵活性和更及时的响应。

2. 电子物流实施步骤

(1)订单处理。公司要接收消费者的订单,消费者可以拨打免费电话叫通公司的网上商店进行网上订货,也可以通过浏览公司的网上商店进行初步检查,首先检查项目是否填写齐全,然后检查订单的付款条件,并按付款条件将订单分类。

只有确认支付完款项的订单会立即自动发出零部件的订货并转入生产数据库中,订单才会立即转到生产部门进行下一步作业。用户订货后,可以对产品的生产过程、发货日期及运输公司的发货状况等进行跟踪。根据用户发出订单的数量,用户需要填写单一订单或多重订单状况查询表格(表格中各有两项数据需要填写,一项是订单号,二是校验数据),提交后,公司将通过因特网将查询结果传送给用户。

(2)预生产。从接收订单到正式开始生产之前,有一段等待零部件到货的时间称为预生产。预生产的时间因消费者所订的系统不同而不同,主要取决于供应商的仓库中是否有现成的零部件。

需要等待零部件并且将订货送到消费者手中的时间称为前置时间。一般要确定一个订货的前置时间,该前置时间在公司向消费者确认订货有效时告诉消费者。订货确认一般通过两种方式:电话或电子邮件。

(3)配件准备。当订单转到生产部门时,生产部门及时按照订单的订货数量及型号,调配零部件,安排安装时间。

(4)配置。组装人员将装配线上传来的零部件组装成产品,然后进入测试过程。

(5)测试。检测部门对组装好的产品进行检测,发现有任何部件或现象不符合要求,马上进行补救并重新组装,再进行测试。

(6)装箱。测试完后的产品放到包装箱中,同时将配件说明书及其他文档一同装入相应的卡车,运送给顾客。

(7)配送准备。一般在生产过程结束的次日完成送货准备,但大订单及需要特殊装运作业的订单可能花费时间长些。

(8)发运。将顾客所订货物发出,并按订单上的日期送到指定的地点。

通过以上实施步骤发现,电子物流使企业可以先拿到用户的预付款,待货运到后再结算运费,这样公司既占压用户的流动资金,又占压物流公司流动资金,按单生产而没有库存风险,从而使公司年均利润率远超未采用电子物流的同行竞争者。

四、电子物流架构

在企业物流中出现的一般问题包括延迟和不准确的信息、不完整的服务、缓慢和低效的运作、产品的高损坏率。在这种情况下,信息技术(包括互联网和EDI)提供共享信息平台,提高物流绩效的作用是显著的。基于互联网的电子物流是供应链的一部分。供应链是一个整合物流管理的业务模式,涵盖了商品的流通,通过制造和分销链接供应商到最终消费者。近年来,信息系统已被视为资源,以支持各种业务流程。互联网、内联网和可扩展标记语言在关注资金流向和供应链的可视性中扮演重要的角色。电子物流可以被定义为一个基于互联网功能的第三方物流价值链,它为客户提供最佳的物流服务。电子物流的目标包括:降低运作成本;满足交付截止日期;改善客户服务。电子物流系统开发框架包括四个维度:战略计划、伙伴构成、库存管理、信息管理。这四个维度是相互依赖的,并且是以最小成本按时交付商品的成功的物流系统所具备的主要驱动因素。图 6-5 展示了一个电子物流系统开发的概念性模型。

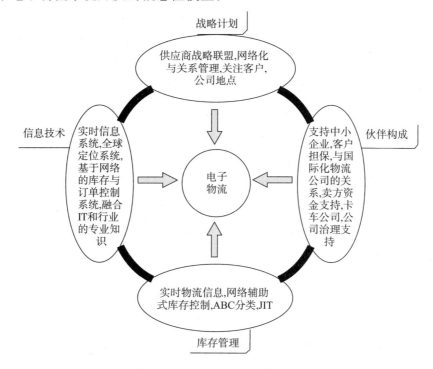

图 6-5 电子物流系统开发框架

(1)战略计划。现代企业关注物流战略计划,主要目标包括发展长期计划、改变组织的物流运作,以及通过良好的物流服务改善企业竞争力。战略计划将对企业物流绩效产生影响的内部和外部因素都考虑在内,同时要求企业高级管理层参与。在变化的市场条件下,物流战略计划应能在灵活性、成本效率和反应上支持长期目标和使命。在物流领域,战略计划涵盖决定外包物流服务的要求,符合物流核心竞争力,决定如何处理竞争性压力,规划配送中心,以及物流预算和资本投资决策(包括配送中心数量和仓库数量、运输能力等)。在这些方面作出正确的决策,将对物流价值链产生长期的显著影响,进而影响整个企业的绩效。

(2)伙伴构成。为了在制造和物流领域取得精益生产或者运营,许多公司通过外包物流服务要求分散化运营,目标就是在关注核心竞争力方面。这里的主要思想是,关注一个企业的核心竞争力时,也关注合作伙伴的准时交付能力和成本效率模式。真正的挑战是,如何选择合适的合作伙伴。目前,存在几种(战略性的、战术性的和运营性的)用于挑选合作伙伴的依据。这里所说的合作伙伴,不仅仅是供应商,也包括客户,甚至开发一个整合的物流系统。对于第三方物流公司,客户是那些想要配送产品到目标市场或客户的公司,同时也是那些物流链下游的消费者。不同服务的供应商应当包括涵盖运输、订单处理、装载卸载、集成和分装以及提供信息服务的公司。

(3)库存管理。库存管理仍然被认为是物流运营中最重要的管理任务。在商品制造公司的业务流程末端,物料被交换。因此,库存管理具有使商品实现在合适的时间、合适的地点以及最小成本的作用。库存管理包括计划、协调和控制物料在物流链中的流动,基本上涵盖决定储存什么、在哪里储存和储存多少的问题。良好的库存管理要求有效的预定和物理计数系统,如企业资源计划(ERP)和配送需求计划(DRP)。库存管理也包括处理商品和物料设备管理。

电子物流中的库存管理需要实时的信息,以便于追溯和更新不同物料的位置和数量。一个网页辅助的库存控制系统将帮助各个组织,包括物流服务和物料流动控制,判断商品在什么位置和什么时间被制造出来以及制造数量。采用 ABC 分类法对商品进行分类,将帮助控制库存,尤其是重要产品。企业资源计划系统,如 SAP、BAAN、Oracle、JD Edwards 和 People Soft 将在物流链中对物料流动的计划扮演主要角色。库存控制方法如 JIT 和 Kanban,帮助最小化库存成本,同时在准确的时间、准确的地点交付准确数量的商品,进而提供高水平的客户服务。EDI 可以用来在物流运营中加强与供应商和客户的沟通。

(4)信息管理。良好的物流管理非常依赖于准确信息的可获得性。在提供有效成本和高质量的物流服务方面,信息技术扮演着主要的角色。信息技术在物流管理中的重要性在于客户可以追溯和产生物流报告,及时作出决策和采取相应的措施。许多公司正在试图开发一个无缝链接的信息系统,用于准确和及时地进行信息交换,以帮助决策和提供有竞争力的物流服务。在互联网的作用下,物流变得具有全球化和更短的交付周期。基于网络的信息系统已经广泛地用于追溯订单及供应商和客户沟通,帮助公司保持竞争力。在新兴的数字经济时代,互联网和内部网都是强有力的工具。对于电子物流,一个合适的信息系统,特别是基于网络的系统,在提供有竞争力的物流服务方面起到关键作用。高效的电子物流要求潜在市场和合作伙伴的识别,收集市场数据,在供应商和客户之间执行交易,整合外延企业的活动。

第七章　逆向物流与绿色物流

物流是企业的第三利润源,这一点已经得到学术界和企业界的一致认同。近20年来,政府和企业不断加大对物流业的投资,完善基础设施、建设物流园区、出台鼓励政策等,物流业因此获得了充分发展。严格地讲,我们通常所说的物流是正向物流,即制造商经制造程序将产品完成到销售再到最终使用者等一连串的过程,而与正向物流相反的是逆向物流。逆向物流是指对从最终消费者端到最初的供应源之间的退货积压商品、各种包装、废旧物品、污染材料及废弃物等和随污染材料及废弃物发生的信息流、资金流进行的一系列计划、执行和控制等的活动及过程,目的是进行适当的处理,恢复其全部或部分价值及减少其对环境的不利影响。随着党的十八大以来国家对可持续发展的重视,人们环保意识的增强,环保法规约束力度的加大,逆向物流受到了学术界和政府的高度重视,因此,建立逆向物流体系势在必行。

第一节　逆向物流

企业物流可以分为供应物流、生产物流(流通企业不含本项)、销售物流、回收物流和废弃物物流五种,前三种为正向物流,后两种属于逆向物流范畴。因此,在学习逆向物流之前,需要先了解一些关于正向物流的知识。

一、正向物流概述

完整的正向物流体系由供应物流、生产物流和销售物流构成。

1. 供应物流内涵

供应物流是企业为保证生产节奏,不断组织原材料、零部件、燃料、辅助材料供应的物流活动。这种活动对企业生产的正常、高效率进行具有保障作用。供应物流不仅要实现保证供应的目标,还要在低成本、少消耗、高可靠性的限制条件下组织供应物流活动。供应物流是正向物流体系的始端,如果供应物流不通畅,就会导致原材料不能按时、保质、保量供给,生产物流无法继续,销售物流被迫中断。供应物流一般由原材料采购、原料配送、仓储管理、库存管理、装卸与搬运组成。

供应物流过程因不同企业、不同供应环节和不同供应链而有所区别,使企业的供应物流出现了许多不同的模式。尽管不同的模式在某些环节具有非常复杂的特点,但是,供应物流的基本流程是相同的,一般由取得资源、组织到厂物流、组织厂内物流几个环节组成。

2. 生产物流的内涵

生产物流是指原材料、燃料、外购件投入生产后,经过下料、发料运送到各加工点和存储点,以在制品的形态从一个生产单位(仓库)流入另一个生产单位,按照规定的工艺过程进行加工、储存,借助一定的运输装置,在某个点内流转,又从某个点内流出,始终体现着物料实物形态的流转过程,这样就构成了企业内部物流活动的全过程。所以,生产物流的边界起源于原材料、外购件的投入,止于成品仓库,贯穿于生产全过程。物料随着时间的进程不断改变其实物形态和场所位置,不是处于加工、装配状态,就是处于储存、搬运和等待状态。

生产物流管理是指运用现代管理思想、技术、方法与手段,对企业生产过程中的物流活动进行计划、组织与控制。其内容包括物料管理、物流作业管理、物流系统状态监控及物流信息管理。

3. 销售物流内涵

销售物流又叫作分销物流。在国家标准《物流术语》中,销售物流的定义是:生产企业、流通企业在出售商品过程中所发生的物流活动,是物资从生产者或持有者手中转移至用户或消费者手中的物流过程。它具体是指产品从下生产线开始,经过包装、装卸搬运、储存、流通加工、运输配送,最后送到用户或消费者手中的物流活动。销售物流是企业正向物流系统的最后一个环节,是企业物流与社会物流的又一个衔接点。它与企业销售系统相配合,共同完成产成品的销售任务。

销售物流是直接面对客户的,它代表着企业。客户往往会根据生产企业销售物流的情况对企业加以评判,所以,销售物流管理的好坏将直接关系企业形象和企业价值。

销售物流也是企业的一扇窗户,让企业能够清楚地看到外面的世界,掌握市场动态和客户需求变化。优质的销售物流管理能够使企业视野开阔;差的销售物流管理只能提供眼前的情况,使企业在应对市场变化时手忙脚乱。

销售物流的主要环节包括产品包装、产品储存、货物运输与配送、装卸搬运、流通加工、订单及信息处理、销售物流网络规划与设计等。

二、逆向物流概述

物流多指正向物流,即传统意义上有计划地将原材料、半成品或成品由生产地送至消费者手上的流通活动,是从制造者向消费者的流动过程。逆向物流则与上述运动方向相反,是从消费者向制造者的流动过程。它与正向物流无缝衔接成为整个物流系统的有机组成部分,使原来简单的线性流动成为一个二维多向流动。逆向物流作为企业价值链中特殊的一环,与正向物流相比,有着明显的不同。

1. 逆向物流内涵

逆向物流归属于绿色物流，以提升资源价值、合理处理和提高企业的经济效益、优化客户服务、改善环境为目的，是实现物流"绿色化"的重要组成部分。逆向物流同正向物流一样，在实物流动的过程中伴随着资金流、价值流、信息流。对逆向物流较早的描述是由 Lambert 和 Stock 在 1981 年提出的。他们将逆向物流描述为在单行道上走错了方向，这里的单行道是针对正向物流渠道而言的。1992年，Stock 在给美国物流管理协会(CLM)的一份研究报告中指出，逆向物流为一种包含了产品退回、物料替代、物品再利用、废弃处理、再处理、维修与再制造等流程的物流活动。

欧洲逆向物流管理协会将逆向物流定义为：将原材料、半成品、产成品从制造商、经销商或消费者处流向回收地点或适当处理地点的规划、实施和控制过程。这个定义具体描述了价值链和供应链中企业和其他成员的关系。例如，原材料的流动与供应商有联系，产成品的流动涉及消费者和经销商等。这样，逆向物流活动就蕴含了厂商和其他相关者之间更复杂的关系和交易。定义中，没有提到逆向物流中的产品一定来自于消费端，因为过多的存货是不会被消费的；也没有提到产品需要运回到其初始点(制造商)，因为产品可能被收集到任何可以回收再生和处置的地点。

美国物流管理委员会(CLM)将逆向物流定义为：与传统供应链方向相反，为恢复价值或合理处置而对原材料、半成品库存、制成品和相关信息，从消费地到起始地的实际流动所进行的有效计划、管理和控制过程。根据这个定义，逆向物流活动涉及以下内容：处理由于各种原因如损坏、季节性变动、再储存、获救、召回或冗余库存等引起的回收商品；循环利用包装材料与重复使用各类容器；修复、再造与刷新产品；过时设备的部署；危险材料的处理计划；资产的恢复。国家标准《物流术语》对逆向物流表述为：物品从供应链下游向上游的运动所引发的物流活动，也称反向物流。

虽然上述定义表述有所不同，但是关于逆向物流的内涵是基本相同的。其内涵可以从逆向物流的作用对象、流动目的和活动构成等方面来说明：从流动对象看，逆向物流是无用产品、包装运输容器及相关信息，从它们的正向目的地沿供应链渠道的反向流动过程；从流动目的看，逆向物流是为了重新实现废弃产品或缺陷产品的再增值而对其进行的正确处置；从物流活动构成看，为实现逆向物流的目的，逆向物流应该包括对产品或包装物的回收、修复、再加工、再制造及垃圾填埋等形式。正向物流及逆向物流流程如图7-1所示。

综合以上分析，从广义和狭义两个角度阐述逆向物流概念。

狭义的逆向物流又称为回收物流(Return Logistics)，是指退货、返修物品和周转使用的包装容器等从需方返回供方所引发的物流活动。它是为了重新利用被使用后的产品及其附属品(如运输容器、包装)的残余价值,或者以对最终废弃物进行恰当处理为目的,而将这些产品、产品运输容器、包装材料加以分拣、加工、分解,使其成为有用的资源,从最终消费、使用地沿供应链向生产地"逆向"传递,重新进入生产和消费领域。例如,废纸被加工成纸浆后又成为造纸的原材料,废钢被分拣加工后又进入冶炼炉变成新的钢材,废水经净化后又被循环使用等。

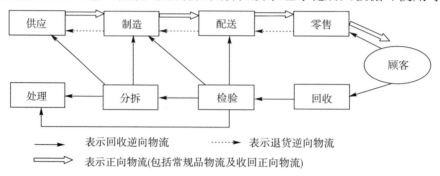

图 7-1 正向物流及逆向物流流程

广义的逆向物流(Reverse Logistics)除了包含狭义的逆向物流外,还包括废弃物物流(Waste Material Logistics)。即将经济活动中失去原有使用价值的物品,根据实际需要进行收集、分类、加工、包装、搬运、储存等,并分送到专门处理场所的物流活动。其最终目标是通过减少资源使用而减少废弃物,同时使正向以及回收的物流更有效率。

2. 逆向物流特点

从使用过的包装物品到废旧的电器设备,从未售商品的退货到机械零部件的回收等,都可以纳入逆向物流的范畴,这就决定了逆向物流与正向物流相比具有鲜明的特点。

表 7-1 逆向物流与正向物流的比较

正向物流	逆向物流
预测较为容易	预测较为困难
分销模式为一对多	分销模式为多对一
产品质量均一	产品质量不均一
产品包装统一	产品包装多已损坏
运输目的地、线路明确	运输目的地、线路不明确
产品处理方式明确	产品处理方式不明确
价格相对一致	决定价格因素复杂
服务速度的重要性得到认同	服务速度经常被忽视

续表

正向物流	逆向物流
正向的分销成本相对透明可见	逆向的分销成本多为隐性
库存管理统一	库存管理不统一
产品生命周期的可控性	产品生命周期较复杂
供应链各方可进行直接谈判	供应链各方谈判障碍较多
已有现成的经销模式	营销受多种因素影响
操作流程更加透明	操作流程相对不太透明

(1)逆向物流产生的原因复杂,导致物品品质状况存在较大差异。单就退货逆向物流而言,可能是顾客在市场中地位提升导致的无理由退货;也可能是零售商为了提高自己的声誉,维持顾客对自己的忠诚度,而对顾客的退货不做任何节制所致;抑或是由于企业内部管理不善以及技术问题,造成诸如产品质量问题、产品包装完好但内部配件缺少、人工输入订单时出现产品或数量错误;在质量保证期或保修期内,产品出现故障需要被退回并进行处理;产品缺陷等问题。还可能是各种原因导致的供应链中生产及运输中的延迟,运送中破损、被盗、重复送货等导致的退货,再加上废弃产品的回收,存在不同程度的损坏、报废和再利用。这就使逆向物流物品差异巨大。

(2)逆向物流产生的时间、地点和数量难以预测。由于退货商品、回收利用产品具有很多随机性,因此,在发生地点、发生时间、数量和物品种类等方面具有很多的不确定因素。例如,退回产品数量具有不确定性,商业退货可能来自消费者、零售商、批发商、承运商等,尤其是从消费者手中退回的产品数量是由产品质量、寿命、使用时间和使用环境等因素决定的。

(3)逆向物流物品回流地点分散、无序,处置方式、流动环节复杂多样,导致物流费用难以统一。逆向物流产品存在的质量问题、损坏程度差异很大,回收之后,需要经过检测方能确定问题所在。根据物品的具体情况,还要确定是再使用、再制造、再循环,还是回收材料、掩埋、焚烧,经过不同的处置环节,处置费用相差很大。

(4)逆向物流的管理与协调更加困难复杂。逆向物流和传统的正向物流在实际操作中有许多不同之处,这些不同之处最直接的体现就是物流的管理成本。在正向物流中,决定成本的因素相对比较稳定,成本计算直接且可控制性强。而在逆向物流中的产品所涉及的成本内容广泛,且产品回流的原因不同,因此,对于各种产品的价格与成本的核算标准也不尽相同。另外对于部分产品,还要在逆向渠道中适当地处理之后才能再次出售,这又会生成一部分附加成本。因此,逆向物流的成本核算十分复杂且可控性较弱,使逆向物流的管理具有很大的挑战性。

表 7-2　逆向物流成本与正向物流成本比较

逆向物流成本	与正向物流成本的比较
运输成本	较高
库存持有成本	较低
价格缩水	大幅下降
过期损失	可能较高
收集成本	大幅增加
分拣、质量诊断成本	大幅增加
处理成本	大幅增加
翻新/重新包装	在逆向中表现显著，在正向中很少出现
账面价值的改变	在逆向中表现显著，在正向中不存在

三、逆向物流发展的驱动因素

逆向物流发展的驱动因素可分为外因和内因。

1. 外因

(1) 政府法律法规的限制。经济全球化的推进让各国开始密切关注环境保护问题，各国都从自身可持续发展的目标出发，对破坏环境的商品及商品包装制定相关法律并进行严厉监控。一系列的法规强制性地要求生产商将产品进行回收，尤其是在欧洲、日本和美国。在欧洲，这种力量更加强大。为了减少垃圾掩埋的废品处理方式，德国于 1991 年颁布《包装废品废除法令》，强调企业有责任管理它们的包装废品，包括收集、分类、循环使用包装物。1995 年，欧盟制定了包装和包装废品的指导性意见，要求其所有成员国到 2001 年最少要再生利用各自 25% 的包装品。英国于 1997 年制定《垃圾掩埋税收法案》。荷兰则要求汽车制造商对所有废旧汽车实行再生利用。其他欧洲国家如奥地利，也采取了同样的措施来制定或修正它们的法律。我国也制定了《中华人民共和国环境保护法》《中华人民共和国固体废物污染环境防治法》《中华人民共和国环境噪声污染防治法》等法律。

产品召回制度已从最初的汽车、电脑扩展到手机、家电、日用品等行业。产品召回制度源自于 20 世纪 60 年代的美国汽车行业。经过多年的实践，美国、日本、欧洲、澳大利亚等国对缺陷汽车召回形成了比较成熟的管理制度。为了维护企业的核心竞争力，企业需要通过有效的逆向物流管理来降低召回损失。此外，澳大利亚政府还在互联网上公布了供应商产品召回参考文件，方便供应商查询。2002 年 10 月，中国国家质量监督检验检疫总局通过报纸和互联网全文公布《缺陷汽车产品管理规定(草案)》，向全社会广泛征求意见。

(2) 消费者的退货和维修行为。任何企业都面临着消费者的退货和维修行为。由于货物在运输、装卸搬运、存储等物流活动中存在操作不规范等人为因素或自然因素,都有可能产生缺陷和瑕疵,导致递送商品错位等问题,使消费者不能得到他们想要的产品,因而造成退货行为。为了吸引更多顾客购买企业的产品,企业越来越注重产品的保修。特别在 IT 行业,有些企业甚至提出了产品终身保修的维修承诺,这就增加了从消费终端返回生产厂商的维修活动。

(3)产品生命周期的缩短。产品生命周期越来越短。这种现象在许多行业都非常明显,尤其是计算机行业和手机行业,新产品和升级换代产品以前所未有的速度推向市场,推动消费者更加频繁地购买。当消费者从更多的选择和功能中得到满足时,这种趋势也不可避免地导致消费者使用更多的不被需要的产品,同时也带来了更多的包装、退货和浪费问题。技术进步导致产品生命周期缩短,加快产品被淘汰速度,从而增加进入逆向物流的浪费物资以及管理成本。

(4)新的分销渠道的兴起。电视购物、互联网购物等新的分销渠道的兴起,使消费者不需要亲临现场检验货物,而只需根据电视上、互联网络上提供的资料信息进行购买。这有可能造成消费者购买的产品与他们在电视上、互联网络上看到的产品不一致,从而导致换货或退货行为,显著增加了逆向物流的负担。

2. 内因

(1)降低物料成本,提高物料利用率是企业成本管理的关键环节。传统的物料管理模式只限于企业内部,即通过改进产品设计、减少无效浪费等措施来降低材料消耗成本。在逆向物流系统中,由于废旧产品的回购价格低、来源充足,对这些产品回购加工可以大幅度降低企业的物料成本。特别是随着经济的发展,在资源短缺日益严重的情况下,资源的供求矛盾将更加突出,逆向物流的优势将越来越凸显。例如,蓝带啤酒开展的啤酒瓶回收工作,将经过清洗、消毒后的啤酒瓶再次投入使用,比生产一只新瓶的成本可降低 20%~40%。美国宇航局重新利用改制与翻新的零部件,大大节省了飞机制造费用。

(2)提高顾客价值。在当今顾客驱动的经济环境下,顾客价值是决定企业生存和发展的关键因素。只有提高顾客的满意度,努力培养顾客的忠诚度,才能赢得顾客信任,增加企业销售量,长久不衰地占据市场份额,最终保证企业的获利能力。1982 年的美国强生公司危机事件就是成功的案例。由于发生投毒事件,强生公司销售量最好的泰乐诺致使 7 名患者中毒身亡,事故发生后,该类药品的市场占有率急速下跌。但强生公司反应迅速,运用逆向物流系统召回药品进行处理,现在,泰乐诺仍然是该公司销量最好的药品之一。

(3)塑造企业新形象。消费者的环保意识日益增强,消费观念也发生了巨大的变化,顾客对环境的期望越来越高。另外,由于不可再生资源对环境的污染日趋加重,企业的环保业绩已经成为评价企业运营绩效的重要指标。为了改善企业的环保行为,提高企业在公众中的形象,许多企业纷纷采取逆向物流战略,以减少其产品对环境的污染及资源的消耗。

(4)增强企业竞争力。美国物流管理协会的资深专家、南佛罗里达大学教授詹姆斯·司多克对逆向物流有精辟的描述:"公司对退货如何处置,已经成为一项标新立异的竞争战略,并成为提高效率的全新领域。"企业实施逆向物流管理,提高顾客对企业的信任度和回头率,从而提高企业市场占有率。另外,企业通过逆向物流回收顾客手中的淘汰产品,更好地满足顾客需要,并通过回收产品所反馈的信息进行产品的设计和改造,提高产品质量,增强企业的竞争优势。

四、逆向物流的分类

1. 按逆向物流的物品来源分类

按逆向物流的物品来源分类,逆向物流可以分为投诉退货、终端使用退回、商业退回、维修退回、生产报废和副品以及包装材料和产品载体等6大类别,如表7-3所示。

表7-3 逆向物流分类

类别	周期	驱动因素	处理方式	例证
投诉退货(运输短少、偷盗、质量问题等)	短期	市场营销 客户满意服务	确认检查退货、补货	电子产品
终端退回(经完全使用后需处理的产品)	长期	经济、市场营销	再生产、循环	电子设备
		法规条例	再循环	白、黑家电
		资产恢复	再生产、循环	电脑元件及硒鼓
商业退回(未使用商品退回)	短期至中期	市场营销	再使用、生产、循环处理	零售商积压库存
维修退回(缺陷或损坏产品)	中期	市场营销、法规条例	维修、处理	有缺陷的家电、零部件、手机
生产废品和副品	较短期	经济法规条例	再循环、再生产	药品、钢铁行业
包装材料和产品载体	短期	经济	再使用	托盘、条板箱等
		法规条例	再循环	包装袋

(1)投诉退货。不论是在制造还是在运输过程中,都有可能造成产品损坏。全球化的趋势使整个产业链环节增多,导致产品发生损坏的几率成倍增长。即使在更加精益化的物流与供应链管理运作之下,也不可避免出现各种失误。此类逆向物流一般在产品出售短期内发生。通常情况下,客户服务部门首先进行受理,确认退回原因,做出检查,最终处理的方法包括退换货、补货等。电子消费品如手

机、家用电器等,通常会由于这种原因进入回流渠道。常见的退货主要有数量错误、传送对象错误、规格错误等。

(2)终端退回。这主要指经完全使用后需处理的产品,通常发生在产品出售之后较长时间。终端退回可以出于经济考虑,最大限度地进行资产恢复。

(3)商业退回。商业退回指未使用商品退回还款,如零售商的积压库存,包括时装、化妆品等。这些商品通过再使用、再生产、再循环或者处理,尽可能进行价值的回收。

(4)维修退回。维修退回指有缺陷或损坏产品在售出后,根据售后服务承诺条款的要求,退回给制造商。它通常发生在产品生命周期的中期,一般是由制造商进行维修处理,再通过原来的销售渠道返还给用户。

(5)生产报废和副品。一般来说,生产过程中的废品和副品是出于经济和法规条例的原因,发生的周期较短,并且不涉及其他组织,可通过再循环、再生产,得到再利用。生产报废和副品在药品行业和钢铁业中普遍存在。

(6)包装材料和产品载体。包装品的回收在实践中存在已久,主要有托盘、包装袋、条板箱、器皿等包装品。将可以重复使用的包装材料和产品载体通过检验和清洗、修复等流程进行循环利用,降低制造商的制造费用。

2. 按回收物品特征分类

按回收物品特征分类,逆向物流分为以下三类。

(1)低价值产品的物料。如金属边角料或者副品及原材料回收等。逆向物流的显著特征是它的回收市场和再使用市场通常是分离的。也就是说,物料回收不一定进入原来的生产环节,而是可以作为另外一种产品的原材料投入到另一个供应链环节。从整个逆向物流过程来看,它是一个开环的结构。在此类逆向物流管理中,物料供应商通常扮演着重要的角色,他们负责对物料进行回收、采用特殊设备再加工。除了管理上的要求外,特殊设备要求的一次性投资也比较庞大,这决定了物料回收环节一般是集中在一个组织中。高的固定资产投入一般都会强调规模经济的重要性。同样的,逆向物流对供应源数量的敏感性非常强。另外,所供应物料的质量如纯度等,对成本的影响比较大。因此,保证供应源的数量和质量将是物流管理的重心。

(2)高价值产品的零部件。如电子电路板、手机等,出于降低成本和获取利润等经济因素的考虑,这些价值增加空间较大的物品回收通常由制造商发起。此类逆向物流与传统的正向物流结合最为紧密,它可以利用原有的物流网络进行物品回收,并通过再加工过程,进入原来的产品制造环节。从严格意义上说,这才是真正的逆向物流。但是,如果回收市场的进入壁垒较低,第三方物流组织也可以介入其中。

(3)可以直接再利用的产品。如包装材料的回收,包括玻璃瓶、塑料包装、托盘等,它们通过检测和清洗处理环节便可以被重新利用。由于此类逆向物流包装材料的专用性属于闭环结构,供应时间是造成供应源质量不确定性的重要因素,因而管理的重点将会放在供应物品的时点控制上。例如,制定合理的激励措施进行控制,通过标准化产品识别标志简化物品检测流程。

五、逆向物流管理原则

1. "事前防范重于事后处理"原则

"事前防范重于事后处理"原则即"预防为主、防治结合"原则。由于对回收的各种物料进行处理往往给企业带来许多额外的经济损失,这势必增加供应链的总物流成本,与物流管理的总目标相违背。因而对生产企业来说,要做好逆向物流一定要注意遵循"事前防范重于事后处理"基本原则。

2. 绿色原则("5R"原则)

绿色原则即将环境保护的思想观念融入企业物流管理过程中,即"5R"原则:研究(Research)、重复使用(Reuse)、减量化(Reduce)、再循环(Recycle)、挽救(Rescue)。

(1)研究(Research)。重视研究企业的环境对策,如循环经济、清洁生产等绿色技术的研究与推广应用。

(2)重复使用(Reuse)。用已使用过的纸张背面来印名片。

(3)减量化(Reduce)。减少或消除有害废弃物的排放,如减少进入回收流通的商品及包装材料,在产品和生产过程的设计中充分考虑回收物流的需要,利于回收和利用等。严格控制退货政策也可以达到减少退货量的目的,这在目前我国的消费品市场上最常见。

(4)再循环(Recycle)。对废旧产品进行回收处理,再利用,如纯净水桶、酸奶瓶等回收。

(5)挽救(Rescue)。对已产生的废旧产品或废弃物进行修复,使其可再用或将其对社会的损害降到最小。

3. 信息化原则

尽管逆向物流具有极大的不确定性,但是信息技术的应用(如条形码技术、GPS技术、EDI技术等)可以帮助企业大大提高逆向物流系统的效率和效益。因为条形码可以储存更多的商品信息,这样有关商品的结构、生产时间、材料组成、销售状况、处理建议等信息就可以通过条形码加注在商品上,便于对进入回收流通的商品进行及时有效的追踪。

4. 法制化原则

逆向物流作为产业,还只是一个新兴产业,由于人们以往对这一问题的关注较少,市场自发产生的逆向物流活动难免具有盲目性和无序化的特点。例如,近年来我国废旧家电业异常火爆,据分析调查显示它们往往通过对旧家电"穿"新衣来牟取利润,这亟须政府制定相应的法律法规来引导和约束。

5. 社会化原则

从本质上讲,社会物流的发展是由社会生产的发展带动的。当企业物流管理达到一定水平时,对社会物流服务就会提出更高的数量和质量要求。企业回收物流的有效实施离不开社会物流的发展,更离不开公众的积极参与。国外企业与公众参与回收物流的积极性较高,在许多民间环保组织如绿色和平组织(Green Peace)的巨大影响力下,已有不少企业参与绿色联盟。

六、逆向物流的一般运作流程

逆向物流的运作过程是把使用过的、损坏的、不需要的(包括平衡库存产品)或者过时的商品及包装物,从最终使用者转移到新的出售者手中,其经过的各个节点与正向物流相同,但是方向相反。逆向物流从消费者流向供应商的过程包括三级:第一级是零售商,第二级是配送中心,第三级是制造商。逆向物流的业务流程主要包括回收、检验、分类、处理四个过程,具体如图7-1所示。

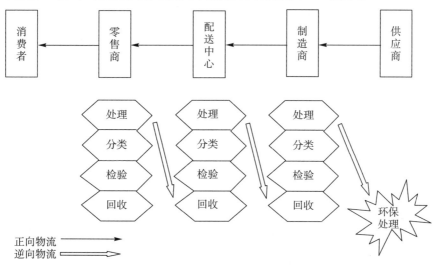

图7-1 逆向物流的业务流程

1. 回收

回收是企业通过有偿或无偿的方式收回客户退回的产品或包装物,并进行物理移动,将其移至某地等待下一步处理,分为内部回收和外部回收。前者主要指报废零部件及边角材料的回收,后者主要指退货、召回产品、报废产品的回收。

2. 检验

各级节点要对流经该级节点的逆向物流做检验,确定回收产品是否具有再次使用的可能性,以控制或减少逆向物流的不合理形成。例如,零售商通过检验退货,控制客户的无理由退货,配送中心通过检验决定产品是否再分销。

3. 分类

在每个检验过程中,都需要分类,确定产品回流的原因,以便对流经该级节点的逆向物流进行分流处理。

4. 处理

对流经各级节点的逆向物流,经各级节点分类后,先由自身节点处理,对不能处理的向下一级节点转移,由下一级节点处理,直到生产商终端。零售商对逆向物流中的可再销售产品继续转销,对无法再销售的产品交由配送中心处理。配送中心对可再分销产品继续分销,对无法销售的产品,转移给生产商处理。生产商对可维修产品进行维修,然后再销售;对不可维修产品、回收报废产品及零部件、生产中的报废零部件及边角材料,通过分拆、整理重新进入原料供应系统,进行再制造;对召回产品,通过分拆进行更换零部件或技术改造等补救措施,重塑产品价值;对于产品包装物以及分解后的不可再利用部件,采取填埋、机械处理等环保报废方式处理。

供应链的各个节点都涉及逆向物流业务。因此,企业应该成立专门的逆向物流管理部门,管理逆向物流过程中产生的资金流、信息流、实物流,并通过与正常的供应链系统信息共享,协调供应链各节点的逆向物流业务,减少与供应链业务冲突。

【本章案例 1】

雅诗兰黛的逆向物流

雅诗兰黛(Estee Lauder)是全球知名的化妆品集团,一年的销售额高达 40 亿美元。但它每年因为退货、过量生产、报废和损坏的商品也很惊人,损失达 1.9 亿美元,约占销售额的 4.75%。每年的巨额流失使雅诗兰黛公司痛下决心改善其逆向物流管理系统,公司投资 130 万美元购买用于管理逆向物流的扫描系统、商业智能工具和数据库。系统运转的第一年,就为雅诗兰黛带来了以前只有通过裁员和降低管理费用才能产生的成本价值。逆向物流系统通过对雅诗兰黛 24% 以上的退货进行评估,发现可以再次分销的产品居然是真正需要退回的 15 倍。于是,雅诗兰黛节省了一笔人力成本。经过几年的运转,系统对超过保质期产品的识别精度大大提高,产品销毁率由37%降到15%以下,帮助公司将可以重返分销渠道的产品在销售季节结束前重新投放市场,每年节约了数百万美元。

【本章案例2】

逆向物流给供应链带来协同效应

协同效应是指供应链全体成员协作开展逆向物流活动带来的价值大于各个独立成员单独开展逆向物流活动带来的价值。由于逆向物流活动的开展不仅仅是单个企业的行为,而是整个供应链各节点企业的共同配合,因而带来协同效应并由此增强整个链条的竞争优势。

供应链和逆向供应链中的上下游结构不同,传统的供应链关系是"一对多"(One-To-More),即上游的单位供应商面对下游数个顾客,而逆向供应链关系是"多对一"(More-To-One)。当发生逆向物流时,出现的退货和产品召回将是众多的下游顾客面对个别上游供应商。如果上游企业采取宽松的退货和产品召回策略,就能够减少下游顾客的投诉意见,容易形成彼此之间的共鸣与合作,改善供需关系,增强企业在整个供应链中的竞争优势。在通用汽车公司简化了其回收汽车零部件的流程后,销售商对新的回收体系表示出了极大的欢迎,因为新的体系更简便,成本更低廉。销售商现在都将回收部件送到通用汽车统一的处理地点,并采用通用统一的产品标志,使部件回收的不确定性大大降低。

第二节 绿色物流

一、绿色物流概述

1. 绿色物流的定义

"绿色物流"中的"绿色"是一个特定的形象用语,既不能将绿色看成是植物或农产品的代名词,也不能将绿色理解为纯天然的、回归自然的代名词。绿色物流(Green Logistics)是20世纪90年代中期才被提出的一个概念。美国逆向物流执行委员会(RLEC)在研究报告中对绿色物流的定义是:绿色物流也称为"生态型的物流"(Ecological Logistics),是一种对物流过程产生的生态环境影响进行认识并使其最小化的过程。RLEC还对绿色物流与逆向物流的概念进行了对比,认为逆向物流只是绿色物流的一个方面。绿色物流实际上是一个内涵丰富、外延广泛的概念。凡是以降低物流过程的生态环境影响为目的的一切手段、方法和过程都属于绿色物流的范畴。

以可持续发展原则为指导,再根据现代物流内涵,将绿色物流定义为以降低污染物排放、减少资源消耗为目标,通过先进的物流技术和面向环境管理的理念,对物流系统进行规划、控制、管理和实施过程。

2. 绿色物流内涵

虽然上述对绿色物流的定义不同,但其本质和内涵基本相似,因此,可以从如下几方面进行分析。

(1)绿色物流的最终目标是可持续发展。上述定义的共同之处是:认为绿色物流是对生态环境友好的物流,亦称生态型的物流,其根本目的是减少资源消耗、降低废物排放。这一目的实质上是经济利益、社会利益和环境利益的统一,也正是可持续发展的目标。因此,绿色物流可称作可持续的物流(Sustainable Logistics)。一般的物流活动主要是为了实现企业盈利、满足顾客需求、扩大市场占有率等。这些目标最终是为了实现某一主体的经济利益,而绿色物流的目标是除上述经济利益的目标外,还追求节约资源、保护环境这一既具经济属性,又具有社会属性的目标。尽管从宏观角度和长远的利益看,节约资源、保护环境与经济利益的目标一致,但对某一特定时期,某一特定经济主体却是矛盾的。按照绿色物流的最终目标,企业无论在战略管理还是在战术管理中,都必须从促进经济可持续发展这个基本原则出发,在创造商品的时间效益和空间效益以满足消费者需求的同时,注重生态环境的要求,保持自然生态平衡和保护自然资源,为子孙后代留下生存和发展的权利。实际上,绿色物流是可持续发展原则与现代物流理念相结合的一种现代物流观念。

(2)绿色物流的活动范围涵盖产品的整个生命周期。产品在从原料获取到使用消费、直至报废的整个生命周期,都会对环境产生影响。而绿色物流既包括对从原材料的获取、产品生产、包装、运输、分销、直至送达最终用户手中的前向物流过程的绿色化,也包括对退货品和废物回收逆向物流过程的生态管理与规划。因此,其活动范围包括产品从产生到报废处置的整个生命周期。

生命周期不同阶段的物流活动不同,其绿色化方法也不同。从生命周期的不同阶段看,绿色物流活动分别表现为绿色供应物流、绿色生产物流、绿色分销物流、废弃物物流和逆向物流。从物流活动的作业环节看,绿色物流活动一般包括绿色运输、绿色包装、绿色流通加工、绿色仓储等。

(3)绿色物流的行为主体包括公众、政府及供应链上的全体成员。在产品从原料供应、生产过程、产品的包装和运输以及完成使用价值而成为废弃物后,即在产品生命周期的每一阶段,都存在着环境问题。专业物流企业对运输、包装、仓储等物流作业环节的绿色化负有责任和义务。处于供应链核心地位的制造企业,既要保证产品及其包装的环保性,也要与供应链的上下游企业、物流企业协同合作,从节约资源、保护环境的目标出发,改变传统的物流机制,制订绿色物流战略,实现绿色产品与绿色消费之间的连接,使企业获得持续的竞争优势。

另外,各级政府和物流行政主管部门,在推广和实施绿色物流战略中具有不可替代的作用。由于物流的跨地区和跨行业特征,绿色物流的实施不是仅靠某个企业或在某个地区就能完成,也不是仅靠企业的道德和责任就能主动实现,它需要政府的法规约束和政策支持。例如,对环境污染指标的限制、对包装废弃物的限制、对物料循环利用率的规定等,都有利于企业主动实施绿色物流战略,并与供应链上的企业合作,最终在整个经济社会建立包括生产商、批发商、零售商和消费者在内的循环物流系统。

公众是环境污染的最终受害者,公众的环保意识能促进绿色物流战略的实施,并对绿色物流的实施起到监督作用,因而是绿色物流不可缺少的行为主体。

3. 绿色物流特征

绿色物流除了具有一般物流的特征外,还具有学科交叉性、多目标性、多层次性、时域性和地域性等特征。

(1)学科交叉性。绿色物流是物流管理与环境科学、生态经济学的交叉学科。由于环境问题日益突出以及物流活动与环境之间的密切关系,在研究社会物流和企业物流时必须考虑环境问题和资源问题。同时由于生态系统与经济系统之间的相互作用和相互影响,生态系统也必然会对物流经济系统的子系统产生作用和影响。因此,必须结合环境科学和生态经济学的理论、方法进行物流系统的管理、控制和决策,这也是绿色物流的研究方法。学科交叉性使绿色物流的研究方法非常复杂,研究内容十分广泛。

(2)多目标性。绿色物流的多目标性体现在企业的物流活动要顺应可持续发展的战略目标要求,注重对生态环境的保护和对资源的节约,注重经济与生态的协调发展,即追求企业经济效益、消费者利益、社会效益与生态环境效益四个目标的统一。根据系统论观念,绿色物流的多目标之间通常是相互矛盾、相互制约的。一个目标的增长将以另一个或几个目标的下降为代价。如何取得多目标之间的平衡,是绿色物流要解决的问题。从可持续发展理论的观念看,保证生态环境效益将是前三者效益得以持久保证的关键所在。

(3)多层次性。绿色物流的多层次性体现在以下三个方面:

首先,从对绿色物流的管理和控制主体看,可分为社会决策层、企业管理层和作业管理层三个层次的绿色物流活动,也可以说是绿色物流的宏观层、中观层和微观层。其中,社会决策层的主要职能是通过相关政策和法规的手段,传播绿色理念,约束和指导企业物流战略。企业管理层的任务是从战略高度与供应链上的其他企业协同，共同规划和管理企业的绿色物流系统，建立有利于资源再利用的循环物流系统。作业管理层主要是指物流作业环节的绿色化，如运输的绿色化、包装的绿色化、流通加工的绿色化等。

其次，从系统的观点看，绿色物流系统是由多个单元（或子系统）构成的，如绿色运输子系统、绿色仓储子系统、绿色包装子系统等。这些子系统又可按空间或时间特征划分为更低层次的子系统，即每个子系统都具有层次结构，不同层次的物流子系统通过相互作用，构成一个有机整体，实现绿色物流系统的整体目标。

最后，绿色物流系统还是另一个更大系统的子系统，这个更大系统就是绿色物流系统赖以生存发展的外部环境。这个环境包括促进经济绿色化的法律法规、人口环境、政治环境、文化环境、资源条件、环境资源政策等，它们对绿色物流的实施起到约束或推动作用。

(4) 时域性和地域性。时域性指绿色物流管理活动贯穿于产品的全生命周期，包括从原材料供应、生产内部物流和产成品的分销、包装、运输，直至报废、回收的整个过程。

绿色物流的地域性体现在两个方面。一是指由于经济的全球化和信息化，物流活动早已突破了地域限制，形成跨地区、跨国界的发展趋势。相应地，对物流活动绿色化的管理也具有跨地区、跨国界的特性。二是指绿色物流管理策略的实施需要供应链上所有企业的参与和响应，这些企业很可能分布在不同的城市，甚至不同的国家。例如，欧洲有些国家为了更好地实施绿色物流战略，对于托盘的标准、汽车尾气排放标准、汽车燃料类型等都进行了规定，其他欧洲国家的不符合标准要求的货运车辆不允许进入本国。跨地域和跨时域的特性也说明了绿色物流系统是一个动态的系统。

二、绿色物流的理论基础

绿色物流的理论基础主要体现为可持续发展理论、循环经济理论、生态经济学理论、生态伦理学理论和物流管理理论等。

1. 可持续发展理论

(1) 可持续发展的含义。可持续发展是指既满足当代人的需求，又不对后代满足其自身需求的能力构成危害。可持续发展是建立在社会、经济、人口、资源、环境相互协调和共同发展的基础上，不能把经济、社会、文化和生态因素割裂开来，因为与物质资料相关的定量因素同确保长期经济活动和结构活动以及结构变化的生态、社会与文化等定性因素是相互作用、不可分割的。同时，可持续发展又是动态的，它不是要求某一种经济活动永远运行下去，而是要求不断地进行内部和外部变革，在一定的经济波动范围内寻求最优的发展速度，以达到持续稳定发展经济的目标。可持续发展以提高生活质量为目标,同社会进步相适应,这一点与经济发展的内涵和目的相同。经济增长与经济发展的不同已经成为共识,经济发展意味着贫困、失业、收入不均等社会经济结构改善,可持续发展追求的正是可持续的经济发展。世界各国的发展阶段不同,发展具体目标也不同,但发展的内涵均应包括改善人类生活质量,保障人类基本需求,并创造一个自由、平等、和谐的社会。

(2)物流活动和自然环境的关系。经济的发展引起物流总量的增加。物流活动的频繁以及物流管理的变革,会增加燃油消耗、加重空气污染和废弃物污染、浪费资源、引起城市交通堵塞等,对社会经济的可持续发展产生了消极影响。首先是货物运输对环境的影响,运输是物流活动中最主要、最基本的活动,运输车辆的燃油消耗和燃油污染是物流作业造成环境污染的主要原因。物流管理活动的变革,如集中库存和即时配送,也对运输和环境造成了影响。其次是包装对环境的影响,包装具有保持商品品质、美化产品、提高商品价值的作用。当今大部分商品的包装材料和包装方式不仅造成资源的极大浪费,而且严重污染环境。再次是流通加工的影响,流通加工是指为完善使用价值和降低物流成本,对流通领域的商品进行简单加工。流通加工具有较强的生产性,会造成一定的物流停滞,增加了管理费用。不合理的流通加工方式会对环境造成负面影响。

(3)物流活动对可持续发展的作用。为了实现长期、持续发展,必须采取各种措施来维护自然环境。现代绿色物流管理正是依据可持续发展理论,形成了物流与环境之间相辅相成的推动和制约关系,进而促进了现代物流的发展,达到环境与物流共生。可持续发展以自然资源为基础,同环境承载能力相协调。可持续发展的实现要运用资源保育原理,增强资源的再生能力,引导技术变革使再生资源代替非再生资源成为可能,并运用经济手段和制定行之有效的政策,限制非再生资源的利用,使其利用趋于合理化。

2. 循环经济理论

以物质闭环流动、资源循环利用为特征的循环经济,是按照自然生态系统物质循环和能量流动规律构建的经济系统。其宗旨就是提高环境资源的配置效率,降低最终废物排放量。而绿色物流要实现对前向物流过程和逆向物流过程的环境管理,也必须以物料循环利用、循环流动为手段,提高资源利用效率,减少污染物排放。

3. 生态经济学理论

所谓生态经济学,是指研究再生产过程中,经济系统与生态系统之间的物流循环、能量转化和价值增值规律及其应用的科学。生态经济学认为,在现代经济、社会条件下,现代企业是一个由生态系统与经济系统组成的生态经济系统。因此,现代企业管理的对象、目标、任务、职能、原则等都具有经济与生态的两重性,必须通过有效地管理来实现经济与生态的有机统一与协调发展。物流是社会再生产过程中的重要一环,物流过程中不仅有物质循环利用、能源转化,而且有价值的转移和价值的实现。因此,物流涉及经济与生态环境两大系统,架起了经济效益与生态环境效益之间彼此联系的桥梁。

经济效益涉及目前和局部的更密切相关的利益,而环境效益则涉及更宏观和长远的利益,经济效益与环境效益是对立统一的,后者是前者的自然基础和物质源泉,而前者是后者的经济表现形式。然而,传统的物流管理没有处理好二者的关系,过多地强调了经济效益,而忽视了环境效益,导致社会整体效益下降。现代绿色物流管理较好地解决了这一问题。绿色物流以经济学的一般原理为指导,以生态学为基础,对物流中的经济行为、经济关系和规律与生态系统之间的相互关系进行研究,以谋求在生态平衡、经济合理、技术先进条件下的生态与经济的最佳结合和协调发展。

4. 生态伦理学理论

人类所面临的生态危机,迫使人类不得不反思自己的行为,承担人类对于生态环境的道德责任,这就促使了生态伦理学的产生和发展。生态伦理学是关于人对地球上的动物、植物、微生物、生态系统和自然界的其他事物行为的道德态度和行为规范的研究,是从道德角度研究人与自然关系的交叉学科。它根据生态学提示的自然与人相互作用的规律性,以道德为手段,从整体上协调人与自然环境的关系。它的主要特征是,把道德对象的范围从人与人、人与社会关系的领域,扩展到人与生命和自然界关系的领域,主张不仅对人讲道德,而且对生命和自然讲道德。生态伦理迫使人们对物流中的环境问题进行深刻反思,从而产生了一种强烈的责任心和义务感。即为了子孙后代的切身利益,为了人类更健康和安全地生存与发展,人类应当维护生态平衡。这是人类不可推卸的责任,是人类对自然应尽的义务和权利。

5. 物流管理理论

物流管理(Logistics Management)是指在社会再生产过程中,根据物质资料实体流动的规律,应用管理的基本原理和科学方法,对物流活动进行计划、组织、指挥、协调、控制和监督,使各项物流活动实现最佳的协调与配合,以降低物流成本,提高物流效率和经济效益。现代物流管理是建立在系统论、信息论和控制论的基础上的。绿色物流的发展必须建立在现代物流的发展基础上,没有现代物流业的发展,绿色物流就像空中楼阁一样,因此,也就失去了意义。

三、绿色物流内容

1. 集约资源

集约资源是绿色物流最主要的内容,也是发展现代化物流的核心思想之一。集约资源指通过优化整合现有各种资源的配置,提高资源利用率,减少资源消耗和浪费,提升经济效益。这既是可持续发展所倡导的,也是我国发展绿色物流急需解决的难题。目前,我国物流基础设施空置率高达60%,这显然不符合绿色物流的发展方向。

2. 绿色包装

包装要消耗大量的资源,产生大量的固体废弃物,是物流系统影响环境的主要因素之一。因此,包装的绿色化是物流系统绿色化的重要内容。所谓绿色包装,指的是以节约资源、降低废弃物排放为目的的包装方式。提供包装服务的物流企业应对包装进行绿色化改造,如使用环保材料、提高材料利用率、设计折叠式包装以减少空载率、建立包装回用制度等。绿色包装贯穿于整个物流过程的始终,要求企业在生产制造环节、商家在销售流通领域、消费者在消费终端,都要防止不良包装对环境产生危害。

3. 绿色运输

运输作为最重要的物流功能要素之一,也是环境最大的污染源。绿色运输以降低能源消耗、减少废气排放为前提。首先,应系统规划货运网点与配送中心布局,优化组合各种运输工具,合理选择运输路线,避免空驶、对流运输、迂回运输、过远运输或重复运输,有效提高运输车辆实载率与往返载货率。其次,应提高运输车辆内燃机技术并优先使用清洁燃料,减少运输过程中的燃油消耗和尾气排放,实现节能减排的目标。最后,应防止运输过程中可能出现的泄漏问题,避免对局部地区造成严重的环境危害。

4. 绿色流通加工

绿色流通加工是出于环保考虑的无污染流通加工方式及相关政策措施的总和,要求采用高科技专业集中的加工方式,加大科技投入力度,促使科技转化为生产力,同时对流通加工中产生的废料进行集中处理,提高资源利用与再利用的效率,减少废弃物对周围环境造成的污染。

5. 绿色仓储

绿色仓储的目的在于对货物仓库进行合理布局,降低物流成本。绿色仓储要求仓库布局合理,无论过于密集还是松散,都会造成资源浪费,在选点上应远离居民区,特别是易燃、易爆、放射性物品更要安全合理地进行储藏,否则不仅不利于人类生命和财产安全,甚至有可能对周边生态环境造成破坏。

6. 逆向物流

美国物流协会对逆向物流的定义是,逆向物流通常用于描述再生、废品处置、危险材料管理等物流活动。随着政府立法的不断完善以及产品更新换代速度不断加快,逆向物流管理变得越来越重要,它促使企业质量管理体系不断完善,降低成本、增加企业效益、提高顾客满意度、增加企业竞争力、保护环境,以及塑造良好的企业形象。

7. 绿色信息处理

绿色物流不仅包括运输、仓储、包装、流通加工及循环利用等方面的绿色化,也包括作为绿色物流重要技术支撑的环保信息的搜集、整理、储存和利用。绿色信息的搜集和整理是企业实施绿色物流战略的依据。利用先进的信息技术搜集、整理、储存各种绿色信息,并及时运用到现代物流管理中,可以更好地促进物流的绿色化。

四、绿色物流系统

1. 绿色物流系统构成

按照绿色物流系统的考察范围划分,可分为社会宏观物流的绿色化、城市物流的绿色化和企业物流的绿色化三个层次。城市物流系统包含企业物流,而社会宏观物流系统包含城市物流。企业物流的绿色化又可分解为绿色供应物流、绿色生产物流、绿色分销物流、废弃物物流、逆向物流等,这些物流子系统又都是由绿色包装、绿色运输、绿色仓储等功能环节构成的。绿色物流系统的层次结构如图7-2所示。

绿色物流战略的实施和管理是一项庞大的系统工程,自上向下包括:宏观范围的政策、法规、标准、理念的传播及公众教育;区域物流或城市物流的绿色规划与控制;企业物流的绿色化战略和策略以及物流各环节的绿色化。

2. 绿色物流系统的构筑

绿色物流的实施不仅与企业有关,还必须从政府规制的角度,对现有的物流体制进行强化管理,并构筑绿色物流建立与发展的框架。

(1)政府规制和政策激励。绿色物流业发展的政府规制的目的在于政府对物流企业或制造企业的物流行为予以限制或禁止,是对企业物流活动外部不经济性进行约束与干预。政府规制具有目标明确性、执行强制性以及效果直接性的优点,它可以弥补激励机制约束力不足的缺陷。绿色物流发展的政府规制主要包括环境立法、排污收费制度、许可制度和绿色物流标准。

政府规制虽然具有严肃性、可操作性的优点,但缺乏刺激企业自觉控制污染、实行绿色化经营的动力,对已达到环保标准的企业的作用减弱甚至失去作用,因此,为了促进绿色物流的发展,政府还必须建立有效的绿色激励政策。主要通过经济杠杆来激励和引导物流主体的行为,使其在经营活动中向绿色化方向发展,有效的激励政策包括"绿色补贴"政策、税收政策、政府采购、产业引导。

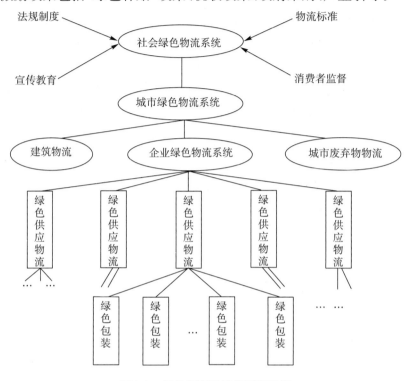

图 7-2　绿色物流系统的层次结构

(2)绿色理念的教育与传播。保护环境是一项关系公众切身利益和子孙后代长远利益的事业,推进绿色物流发展除了加强政府政策法规的约束和激励,还需要广大公众的积极参与。因此,必须重视对绿色理念的教育,重视对消费者和企业的绿色物流的宣传教育。发展应该是可持续的,它强调现代人必须对子孙后代负有道德义务,这就是可持续发展的伦理观。为实现经济的可持续发展,促进绿色物流发展,以可持续发展的伦理观为基础进行绿色教育是非常必要的。

(3)制定绿色物流标准,严格行业许可制度。由于物流系统的功能环节涉及不同的行业、不同的管理部门,如果各环节没有统一的技术标准,很难保证各环节的有效衔接,也很难实现一贯到底的物流模式。这样既增加了货物中间损失的概率,也增加了能量消耗和资源占用,使物流费用上升、效率下降、环境影响增加。因此,政府制订有关的绿色物流标准是十分必要的,并且绿色物流标准应成为物流企业的行业准入标准,实行绿色物流企业的行业许可制度。

(4)加强对绿色物流人才的培养。绿色物流作为新生事物,对营运筹划人员和各专业人员要求知识面广和层次高。因此,要实现绿色物流的目标,培养和造就一大批熟悉绿色理论和实务的物流人才是当务之急。对绿色物流人才的培养,涉及政府及相关机构的参与,也是企业成功实施绿色物流的基础保障。各相关大专院校和科研机构应有针对性地开展绿色物流人才的培养和训练计划,努力为绿色物流业输送更多的合格人才。通过调动企业、大学以及科研机构相互合作的积极性,促进产学研结合,使大学与科研机构的研究成果转化为指导实践的基础,提升企业物流从业人员的理论业务水平。此外,还应引导政府部门、企业、行业组织、咨询机构及民办教育机构参与并采取多种形式开展多层次的绿色物流人才培训和教育工作,如专家讲座、参观学习、各种培训等,不断培养造就大批熟悉绿色物流业务、具有跨学科综合能力并有开拓精神和创造力的绿色物流管理人员和绿色物流专业技术人员。

(5)引导企业推进绿色物流发展。企业物流是全社会物流系统中的最重要组成部分,企业物流的绿色化是企业环境战略的重要组成部分。它不仅能改善企业本身的经营活动对环境的影响,还能推动企业产品所在的供应链的绿色化,进而推动全社会物流系统的绿色化。可以说,企业是绿色物流的直接实施者。首先,要树立企业绿色形象,实现各物流环节的绿色化。其次要选择绿色供应商,实现上下游环节的绿色化。

【本章案例3】

日本7-11连锁便利集团的绿色经营体系

日本7-11是有着日本最先进物流系统的连锁便利店集团。从字面上看,7-11的英文读音(Seven Eleven)比较顺口,便于记忆。实际上,7-11的经营理念是在非正常营业时间(晚7点至第二天上午11点)仍能够提供零售服务,实现24小时全天候营业。

首先,在商品管理上,规定了严格的环境规范条例。作为销售终端的店铺,拥有检查、管理的职责。7-11积极地推进包装物改革,以实现绿色包装,杜绝任何可能对消费者产生危害的因素。

其次,在物流管理上,进一步推进共同配送。通过集约化的配送,减少在途车辆和环境污染,与此同时积极导入绿色环保车。

再次,在店铺经营中,7-11还积极开展节约能源的活动,包括节约用电、防止冷藏装置排放氟利昂、废弃物的处理等。

随着社会分工的不断细化,物流的作用日益凸显。绿色浪潮不仅对生产、营销、消费产生了重要影响,物流的绿色化问题也被提上了议程。

参考文献

[1] 阎子刚. 物流运输管理实务[M]. 3版. 北京:高等教育出版社,2014.

[2] 李玉民. 配送中心运营管理[M]. 3版. 北京:电子工业出版社,2018.

[3] 程艳霞. 现代物流管理概论[M]. 武汉:华中科技大学出版社,2009.

[4] 田江. 供应链管理基础与实践[M]. 成都:电子科技大学出版社,2006.

[5] 樊澜,周淑秋,宋秋银. 电子商务概论[M]. 上海:上海交通大学出版社,2012.

[6] 孙韬. 跨境电商与国际物流:机遇、模式及运作[M]. 北京:电子工业出版社,2017.

[7] 朱光福. 企业物流管理[M]. 重庆:重庆大学出版社,2012.

[8] 余艳琴,冯华. 物流成本管理[M]. 武汉:武汉大学出版社,2008.

[9] 唐文登,谭颖. 物流成本管理[M]. 重庆:重庆大学出版社,2014.

[10] 周兴建,蔡丽华. 现代物流管理概论[M]. 北京:中国纺织出版社,2016.

[11] 王欣兰. 物流成本管理[M]. 2版. 北京:北京交通大学出版社,2010.

[12] 朴惠淑,王培东. 企业物流运作与管理[M]. 大连:大连海事大学出版社,2016.

[13] 张荣,支海宇,刘秀英,等. 物流管理概论[M]. 北京:清华大学出版社,2016.

[14] 陈言国. 国际物流实务[M]. 北京:清华大学出版社,2016.

[15] 马跃月,艾比江. 物流管理与实训[M]. 2版. 北京:清华大学出版社,2013.

[16] 付宏华,赵园园. 现代物流管理[M]. 北京:人民邮电出版社,2014.

[17] 段圣贤. 现代物流概论[M]. 2版. 北京:电子工业出版社,2010.

[18] 李云青. 物流系统规划[M]. 上海:同济大学出版社,2004.

[19] 蓝仁昌. 物流技术与实务[M]. 北京:高等教育出版社,2005.

[20] 黄中鼎. 现代物流管理[M]. 2版. 上海:上海财经大学出版社,2015.

[21] 杜学森. 物流管理[M]. 北京:中国铁道出版社,2008.

[22] 颜波. 物流学[M]. 广州:华南理工大学出版社,2011.

[23] 李晓龙. 现代物流企业管理[M]. 北京:北京大学出版社,2004.

[24] 储雪俭. 物流管理基础[M]. 北京:高等教育出版社,2005.

[25] 曾剑,王景峰,邹敏. 物流管理基础[M]. 北京:机械工业出版社,2012.

[26] 王之泰. 现代物流学[M]. 北京:中国物资出版社,1995.

[27] 宋文官. 物流基础[M]. 3版. 北京:高等教育出版社,2012.

[28] 钱廷仙. 现代物流管理[M]. 北京:高等教育出版社,2012.

[29]周晓利.物流管理基础[M].青岛:中国海洋大学出版社,2011.
[30]刘翠萍.物流管理[M].长沙:湖南师范大学出版社,2014.
[31]顾穗珊.电子商务与现代物流管理[M].北京:机械工业出版社,2008.
[32]商磊.电子商务物流实务[M].北京:机械工业出版社,2017.
[33]陶玉琼.电子商务基础与实务[M].北京:北京理工大学出版社,2016.
[34]张润彤.电子商务概论[M].北京:电子工业出版社,2009.
[35]周云霞.电子商务物流[M].北京:电子工业出版社,2010.
[36]王道平,张大川.现代物流信息技术[M].2版.北京:北京大学出版社,2014.
[37]陈德人.电子商务实务[M].北京:高等教育出版社,2010.
[38]林自葵.货物运输与包装[M].北京:机械工业出版社,2005.
[39]汝宜红,田源.物流学[M].2版.北京:高等教育出版社,2014.
[40]田源.物流管理概论[M].2版.北京:机械工业出版社,2010.
[41]汝宜红,宋伯慧.配送管理[M].2版.北京:机械工业出版社,2010.